“十二五”职业教育国家规划教材
经全国职业教育教材审定委员会审定

U0240441

高职高专机械系列规划教材

机械测量（第二版）

◎ 主　编　阎　红

◎ 副主编　王　翔　敬正彪

王英丽

重庆大学出版社

内容提要

本书是高职高专院校机电类各专业的重要专业基础课教材。全书共分 8 个项目,其主要内容包括工件外圆和长度测量、内孔和中心高测量、光滑极限量规、几何公差检测、表面粗糙度与测量、普通螺纹结合的公差与检测、零件综合测量及齿轮油泵综合测绘等。

本书可供高职高专院校机械类各专业使用,也可供机械行业的工程技术人员、检验人员参考。

图书在版编目(CIP)数据

机械测量／阎红主编. --2 版. --重庆：重庆大学出版社,2018.6(2023.8 重印)

高职高专机械系列规划教材

ISBN 978-7-5624-8118-8

Ⅰ.①机…　Ⅱ.①阎…　Ⅲ.①技术测量—高等职业教育—教材　Ⅳ.①TG801

中国版本图书馆 CIP 数据核字(2018)第 094876 号

机械测量

(第二版)

主　编　阎　红

副主编　王　翔　敬正彪　王英丽

策划编辑:曾显跃

责任编辑:李定群　高鸿宽　　版式设计:曾显跃

责任校对:谢　芳　　　　　　责任印制:张　策

*

重庆大学出版社出版发行

出版人:陈晓阳

社址:重庆市沙坪坝区大学城西路 21 号

邮编:401331

电话:(023) 88617190　88617185(中小学)

传真:(023) 88617186　88617166

网址:http://www.cqup.com.cn

邮箱:fxk@ cqup.com.cn(营销中心)

全国新华书店经销

重庆升光电力印务有限公司印刷

*

开本:787mm×1092mm　1/16　印张:12.25　字数:314 千　插页:8 开 1 页

2018 年 6 月第 2 版　　2023 年 8 月第 4 次印刷

印数:5 001—6 000

ISBN 978-7-5624-8118-8　定价:36.00 元

第二版前言

"机械测量"是高职高专院校机电类各专业的重要专业基础课。自2014年6月出版以来得到广大读者的厚爱。近4年来,在分析研究国内外同类教材优缺点和当前本学科科学技术、标准水平发展的现状及水平的基础上,结合当前学生学习该学科知识的实际需要,进一步适应学科建设和教学的不断发展,我们对本书内容进行了修改和补充,作为第二版重新出版。第二版在保持第一版的体系和主线的基础上,除对部分文字进行全面修订外,对内容也作了相应的充实和调整,使教材内容与时俱进,更好地为读者服务。具体体现在:

1. 加强基础,突出实践应用,结构层次分明,适用面广,既可用于重型机械设备大尺寸,又可用于精密仪器的小尺寸。

2. 教材中全部使用各类国标中的最新国家标准内容代替旧国标内容,使学生更好掌握公差与配合理论的新进展。

3. 研究、建立、完善教材"教、学、做"一条龙系列体系,使教师教学和学生学习更方便、更有效。

本书的特点是:以企业的真实产品为载体,引入必需的理论知识,把理论知识与生产实践有机地结合起来,与企业技术人员共同开发《机械测量》特色教材。本书通过任务驱动的项目化学习,使学生获得机械典型零件的几何量公差制度知识,掌握通用量具的测量技能,培养具有零件测量和产品检测的专业技能,养成"一丝不苟、精益求精"的职业素养。

本书共分8个项目,每个项目的内容均以测量技能训练为主线,按照提出测量任务、介绍公差知识测量方案确定到得出测量结果及评价的顺序,完全参照企业真实测量环境、机械零件、图纸、检测设备等来设置测量项目。同时,围绕培养技术含量较高的生产第一线实用型和技术应用型专业技术人员的目标,按照"做中学学中做、教学做为一体",推行理实一体化的模式,将公差理论知识全面融入 8 大测量项目中。测量操作遵循从简单到复杂、被测零件精度从低级到高级、测量任务从单一到综合进行设计,并且突显机械专业发展的最新成果。

本书改版由天津职业大学阎红担任主编,天津职业大学王翔、王英丽和成都工业技术学院敬正彪担任副主编。阎红负责项目1、项目 2 和项目 3 的编写,王英丽负责项目 4 的编写,王翔负责项目 5 的编写,王程负责项目 6 的编写,天津市飞特达过滤器设备有限公司总工程师杨俊法负责项目 7 的编写,成都工业职业技术学院敬正彪负责项目 8 的编写。全书由阎红教授负责统稿。

限于编者的水平,书中难免存在不足和疏漏,恳请广大读者批评指正。

编　者
2018 年 3 月

前　言

　　"机械测量"是高职高专院校机电类各专业的重要职业基础课。本书的特点是:以企业的真实产品为载体,引入必需的理论知识,把理论知识与生产实践有机地结合起来,与企业技术人员共同开发《机械测量》特色教材。本书通过任务驱动的项目化学习,使学生获得机械典型零件的几何量公差制度知识,掌握通用量具的测量技能,培养具有零件测量和产品检测的专业技能,养成"一丝不苟、精益求精"的职业素养。本书共分 8 个项目,每个项目的内容均以测量技能训练为主线,按照提出测量任务、介绍公差知识、测量方案确定到得出测量结果及评价的顺序,完全参照企业真实测量环境、机械零件、图纸、检测设备等来设置测量项目。同时,围绕培养技术含量较高的生产第一线实用型和技术应用型专业技术人员的目标,按照"做中学、学中做、教学做为一体",推行理实一体化的模式,将公差理论知识全面融入 8 大测量项目中。测量操作遵循从简单到复杂、被测零件精度从低级到高级、测量任务从单一到综合进行设计,并且突显机械专业发展的最新成果。

　　全书由天津职业大学阎红担任主编,负责项目 1、项目 2 和项目 3 的编著;天津职业大学张云秀和王程担任副主编,分别负责项目 4 和项目 5、项目 6 的编著;天津市飞特达过滤器设备有限公司总工程师杨俊法负责项目 7 的编著;天津市威马科技有限公司副总经理伍珠良负责项目 8 的编著。全书由阎红教授负责统稿。同时,感谢天津职业大学邹吉权老师和杜玉雪老师给本书提供的一些帮助。

　　限于编著者的水平,书中难免存在不足和错误,恩请广大读者批评指正。

编　者

2014 年 6 月

目 录

项目 **1**

外圆和长度测量

1.1 给定检测任务

外圆和长度测量给定的检测任务如图 1.1 和图 1.2 所示。

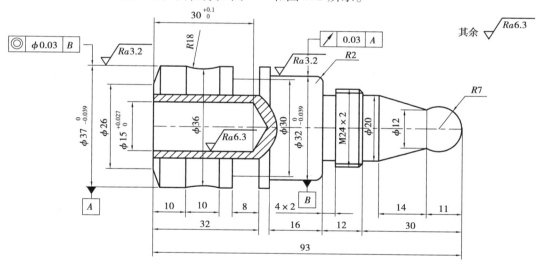

图 1.1 检测零件图

1.2 问题的提出

如图 1.1 所示为一个轴类零件,其中有 $\phi37_{-0.039}^{0}$、$\phi32_{-0.039}^{0}$、$\phi15_{0}^{+0.027}$、$30_{0}^{+0.1}$ 等标注;如图 1.2 所示为一个套筒零件,其中有 $\phi30_{-0.21}^{0}$、$\phi20_{0}^{+0.21}$、30 等标注。请同学们从以下 5 个方面进行学习:

①分析图纸,明确精度要求。

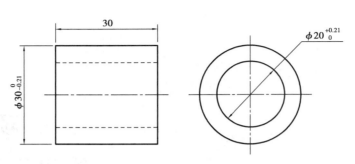

图 1.2　套筒

②查阅相关国家计量标准,理解 $\phi37^{\ 0}_{-0.039}$、$\phi32^{\ 0}_{-0.039}$、$\phi15^{+0.027}_{\ 0}$、$30^{+0.1}_{\ 0}$、$\phi30^{\ 0}_{-0.21}$、$\phi20^{+0.21}_{\ 0}$、30 等的标注含义。

③选择计量器具,确定测量方案。

④对计量器具进行保养与维护。

⑤填写检测报告,处理相关数据。

1.3　工件外圆和长度尺寸的认识

1.3.1　尺寸基本术语

(1)公称尺寸

公称尺寸是由图样规范确定的理想形状要素的尺寸。它是根据零件的强度、刚度、结构和工艺性等要求确定的。设计时,应尽量采用标准尺寸,以减少加工所用刀具、量具的规格。公称尺寸的代号:按习惯孔用"D"表示,轴用"d"表示。

(2)实际尺寸

实际尺寸是零件加工后通过测量获得的尺寸。它由接近实际(组成)要素所限定的工件实际表面组成要素部分。由于存在测量误差,因此,实际(组成)要素并非尺寸的真值。同时,由于形状误差等影响,零件同一表面不同部位的实际尺寸往往是不等的。实际尺寸的代号:孔用"D_a"表示,轴用"d_a"表示。

(3)极限尺寸

极限尺寸是尺寸要素允许的尺寸的两个极端。尺寸要素允许的最大尺寸称为上极限尺寸,尺寸要素允许的最小尺寸称为下极限尺寸。极限尺寸可大于、小于或等于公称尺寸。合格零件的实际尺寸应在两极限尺寸之间。极限尺寸的代号:孔用 D_{max}、D_{min} 表示,轴用 d_{max}、d_{min} 表示。

1.3.2　公差偏差基本术语

(1)尺寸偏差

某一尺寸减其公称尺寸所得的代数差,称为尺寸偏差,简称偏差。

实际尺寸减其公称尺寸所得的代数差,称为实际偏差。极限尺寸减其公称尺寸所得的代数差,称为极限偏差。极限偏差包括上极限偏差和下极限偏差两种。

上极限尺寸减其公称尺寸所得的代数差,称为上极限偏差。孔的上极限偏差以代号 ES 表示,轴的上极限偏差以代号 es 表示。上极限偏差以公式表示为

$$ES = D_{max} - D$$

$$es = d_{max} - d$$

下极限尺寸减其公称尺寸所得的代数差,称为下极限偏差。孔的下极限偏差以代号 EI 表示,轴的下极限偏差以代号 ei 表示。下极限偏差以公式表示为

$$EI = D_{min} - D$$

$$ei = d_{min} - d$$

为方便起见,通常在图样上标注极限偏差而不标注极限尺寸。

偏差可以为正、负或零值。当极限尺寸大于、小于或等于公称尺寸时,其极限偏差便分别为正、负或零值。

（2）尺寸公差

允许尺寸的变动量,称为尺寸公差,简称公差。尺寸公差以代号"T"表示。

公差等于上极限尺寸与下极限尺寸的代数差,也等于上极限偏差与下极限偏差的代数差。

孔公差:

$$T_h = |D_{max} - D_{min}| = |ES - EI|$$

轴公差:

$$T_s = |d_{max} - d_{min}| = |es - ei|$$

由上述可知,公差总为正值。

关于尺寸、公差与偏差的概念可用如图 1.3 所示的公差与配合示意图表示。

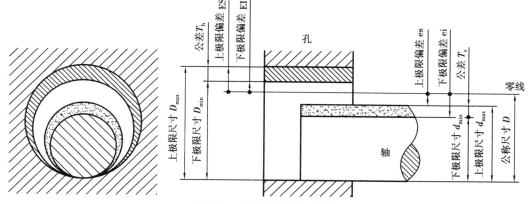

图 1.3　公差与配合示意图

例 1.1　计算如图 1.4 所示中孔、轴的极限尺寸和公差。

解　孔、轴公称尺寸:

$$D = d = 30 \ mm$$

孔的上极限偏差:

$$ES = +0.041 \ mm$$

孔的下极限偏差:

$$EI = +0.020 \ mm$$

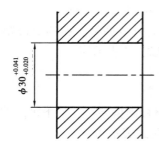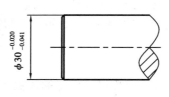

图 1.4　例题 1.1 图

孔的上极限尺寸：

$$D_{\max} = D + \text{ES}$$
$$= 30 \text{ mm} + 0.041 \text{ mm}$$
$$= 30.041 \text{ mm}$$

孔的下极限尺寸：

$$D_{\min} = D + \text{EI}$$
$$= 30 \text{ mm} + 0.020 \text{ mm}$$
$$= 30.020 \text{ mm}$$

孔公差：

$$T_h = |\text{ES} - \text{EI}|$$
$$= |0.041 - 0.020| \text{ mm}$$
$$= 0.021 \text{ mm}$$

轴的上极限偏差：

$$\text{es} = -0.020 \text{ mm}$$

轴的下极限偏差：

$$\text{ei} = -0.041 \text{ mm}$$

轴的上极限尺寸：

$$d_{\max} = d + \text{es}$$
$$= 30 \text{ mm} + (-0.020) \text{ mm}$$
$$= 29.980 \text{ mm}$$

轴的下极限尺寸：

$$d_{\min} = d + \text{ei}$$
$$= 30 \text{ mm} + (-0.041) \text{ mm}$$
$$= 29.959 \text{ mm}$$

轴公差：

$$T_s = |\text{es} - \text{ei}|$$
$$= |-0.020 - (-0.041)| \text{ mm}$$
$$= 0.021 \text{ mm}$$

（3）公差带

在分析公差与配合时，通常需要作图，但因公差数值与尺寸数值相差甚远，不便用同一比

4

例,因此在作图时,只画出放大的孔和轴的公差图形,这种图形称为公差带图,也称公差与配合图解。

如图 1.4 所示的公差与配合示意图可作成如图 1.5 所示的公差与配合图解。在作图时,先画一条横坐标代表公称尺寸的界线,作为确定偏差的基准线,称为零线;再按给定比例画两条平行于零线的直线,代表上极限偏差和下极限偏差。这两条直线所限定的区域称为公差带,线间距离即为公差。正偏差位于零线之上,负偏差位于零线之下。在零线处注出公称尺寸,在公差带的边界线旁注出极限偏差值,单位用 μm 或 mm 皆可。

公差带由"公差带大小"和"公差带位置"两个要素组成。

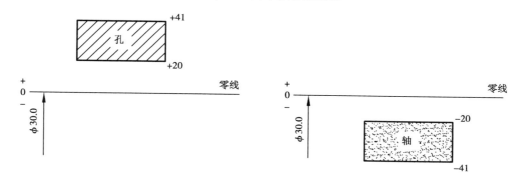

图 1.5　公差带图

1.3.3　孔、轴的公差与国家标准

公差与配合国家标准是确定光滑圆柱体零件或长度尺寸公差与配合的依据,也适用于其他光滑表面和相应结合尺寸的公差与配合,如花键外径等的配合。它的基本结构是由"标准公差系列"和"基本偏差系列"组成的,前者确定公差带的大小,后者确定公差带的位置。两者结合构成不同的孔、轴公差带,而孔、轴公差带之间的不同相互位置又组成不同松紧程度的配合。同时,在此基础上,规定了一定数量的孔、轴公差带及具有一定间隙或过盈的配合,以满足零件的互换性要求和各种使用要求。

(1)标准公差系列

在产品几何技术规范极限与配合 GB/T 1800.1—2009 中所列出的,用以确定公差带大小的任一公差,称为标准公差,用 IT 表示。标准公差是依据公称尺寸和公差等级确定的。

1)标准公差因子

机械零件尺寸的加工误差,与加工方法及零件公称尺寸大小有关,通过对完工后零件尺寸的检测,经统计分析表明,尺寸误差与加工方法和零件公称尺寸的关系如图 1.6 所示的曲线。

生产实践表明,相同工艺条件,尺寸大的零件其加工误差也大。公差是用以限制误差的,故对同一精度

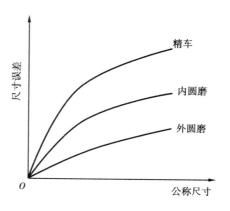

图 1.6　尺寸误差与公称尺寸的关系

概念来说,公称尺寸大,公差相应也大。因此,不能单从公差大小来判断工件尺寸精度的高低。例如,一根轴的直径为ϕ25 mm,公差为33 μm,另一根轴直径为ϕ150 mm,公差为40 μm,虽然后者比前者公差大,但因公称尺寸不同,后者的精度比前者高。因此,不能简单地仅从公差大小判断其尺寸精度的高低,而需采用一合理的计算单位——标准公差因子。

标准公差因子是计算标准公差的基本单位,是制订标准公差系列的基础。标准公差因子与公称尺寸之间成一定的函数关系。

根据大量试验结果与统计分析得知,对于不大于500 mm的工件尺寸,用各种加工方法所得的误差(少数高精度除外),都是按公称尺寸的立方根抛物线关系变化的。因此,公差与公称尺寸也应按立方根抛物线关系变化较合适。另外考虑到温度对测量误差的影响,对公称尺寸不大于500 mm的标准公差因子 i 采用以下计算公式,即

$$i = 0.45\sqrt[3]{D} + 0.001D \qquad (1.1)$$

式中　D——公称尺寸,mm。

式(1.1)中,第1项主要反映加工误差,第2项用以补偿由于测量偏离标准温度(国家标准规定标准温度为20 ℃)时以及量规产生变形等引起的测量误差。当公称尺寸较小时,第2项影响很小;反之,则影响较大。如公称尺寸为400～500 mm 时,它占标准公差因子全量的13%～14%。

2)标准公差等级

为了将公差数值标准化,以减少量具和刀具的规格,同时又能满足各种机器所需的不同精度要求,国家标准 GB/T 1800.1—2009 将公差值划分为01,0,1,…,18 等20个公差等级,其相应的标准公差代号为 IT01,IT0,IT1,IT2,…,IT18,其中,01 级精度最高,18 级精度最低。IT18—IT5 以标准公差等级系数 a 的大小作为分级的唯一指标,它可用来表示工件制造精度的高低。如前述直径为 ϕ25 mm、公差为 33 μm 和直径为 ϕ150 mm、公差为 40 μm 的两根轴,可计算得出前者的标准公差等级系数 a 为25,后者为16,故前者虽然公差值小,但标准公差等级为8级;后者公差虽大,但其标准公差等级却为7级。标准等级系数 a 采用优先数系 R5(详见表1.1)系列。

表1.1　公称尺寸小于或等于 500 mm 时 IT5 至 IT18 的公差

标准公差等级	IT5	IT6	IT7	IT8	IT9	IT10	IT11	IT12	IT13	IT14	IT15	IT16	IT17	IT18
公差数值/μm	7i	10i	16i	25i	40i	64i	100i	160i	250i	400i	640i	1 000i	1 600i	2 500i

3)标准公差数值的计算

公称尺寸≤500 mm 时,IT18—IT5 的公差采用标准公差等级系数与标准公差因子乘积来确定。

表1.1 中 i 为公差单位,其系数 a 为公差等级系数,它按 R5 优先数系递增。

对 IT01、IT0、IT1 的3个高等级,考虑到在高精度测量中,测量误差常是误差的主要成分,故计算公差时采用线性关系式,见表1.2。

表 1.2　公称尺寸小于或等于 500 mm 时 IT01 至 IT1 的公差

标准公差等级	IT01	IT0	IT1
公差值/μm	$0.3 + 0.008D$	$0.5 + 0.012D$	$0.8 + 0.020D$

IT2 至 IT4 级的公差在 IT1 和 IT5 之间,呈几何级数分布,见表 1.3。

表 1.3　公称尺寸小于或等于 500 mm 时 IT2 至 IT4 的公差

标准公差等级	IT2	IT3	IT4
公差值/μm	$(\mathrm{IT1})\left(\dfrac{\mathrm{IT5}}{\mathrm{IT1}}\right)^{\frac{1}{4}}$	$(\mathrm{IT1})\left(\dfrac{\mathrm{IT5}}{\mathrm{IT1}}\right)^{\frac{1}{2}}$	$(\mathrm{IT1})\left(\dfrac{\mathrm{IT5}}{\mathrm{IT1}}\right)^{\frac{3}{4}}$

由此可知,各标准公差等级的公差值有严格的规律性,这可便于向高低等级延伸或插入中间级。例如,延伸 IT19 = IT18 × 1.6,或插入中间级 IT5.5 = $\sqrt{\mathrm{IT5} \times \mathrm{IT6}}$,以满足特殊需要。

4)尺寸分段

按照标准公差值计算式,在每一标准公差等级中,不同的公称尺寸会有不同的公差数值,这将会使公差数值表格非常庞大,既不适用,也无必要。为了减少公差值的数目,统一公差值,简化表格,便于应用,国家标准对公称尺寸进行了分段。尺寸分段后,对同一尺寸分段内所有公称尺寸,在公差等级相同情况下,规定相同的标准公差(见表 1.4)。

考虑到有些配合对尺寸变化很敏感,国家标准中又将 10 ~ 3 150 mm 配合的各尺寸分段,再细分为 2 ~ 3 个中间段(见基本偏差数值表 1.5)。

尺寸分段后,计算标准公差因子或公差值时,采用分段首尾两尺寸的几何平均值作为计算直径代入,并将计算结果圆整后得出标准公差值。

由表 1.4 可知,标准公差等级相同,公称尺寸相同或在同一尺寸分段内孔公差和轴公差是相等的。

表 1.4　标准公差数值(摘自 GB/T 1800.1—2009)

公称尺寸/mm		公差等级																			
大于	至	IT01	IT0	IT1	IT2	IT3	IT4	IT5	IT6	IT7	IT8	IT9	IT10	IT11	IT12	IT13	IT14	IT15	IT16	IT17	IT18
		μm											mm								
—	3	0.30	0.5	0.8	1.2	2	3	4	6	10	14	25	40	60	0.10	0.14	0.25	0.40	0.60	1.0	1.4
3	6	0.4	0.6	1	1.5	2.5	4	5	8	12	18	30	48	75	0.12	0.18	0.30	0.48	0.75	1.2	1.8
6	10	0.4	0.6	1	1.5	2.5	4	6	9	15	22	36	58	90	0.15	0.22	0.36	0.58	0.90	1.5	2.2
10	18	0.5	0.8	1.2	2	3	5	8	11	18	27	43	70	110	0.18	0.27	0.43	0.70	1.10	1.8	2.7
18	30	0.6	1	1.5	2.5	4	6	9	13	21	33	52	84	130	0.21	0.33	0.52	0.84	1.30	2.1	3.3
30	50	0.6	1	1.5	2.5	4	7	11	16	25	39	62	100	160	0.25	0.39	0.62	1.00	1.60	2.5	3.0
50	80	0.8	1.2	2	3	5	8	13	19	30	46	74	120	190	0.30	0.46	0.74	1.20	1.90	3.0	4.6
80	120	1	1.5	2.5	4	6	10	15	22	35	54	87	140	220	0.35	0.54	0.87	1.40	2.20	3.5	5.4

续表

公称尺寸/mm		公差等级																			
大于	至	IT01	IT0	IT1	IT2	IT3	IT4	IT5	IT6	IT7	IT8	IT9	IT10	IT11	IT12	IT13	IT14	IT15	IT16	IT17	IT18
		μm											mm								
120	180	1.2	2	3.5	5	8	12	18	25	40	63	100	460	250	0.40	0.63	1.00	1.60	2.50	4.0	6.3
180	250	2	3	4.5	7	10	14	20	29	46	72	115	485	290	0.46	0.72	1.15	1.85	2.90	4.6	7.2
250	315	2.5	4	6	8	12	16	23	32	52	81	130	210	320	0.52	0.81	1.30	2.10	3.20	5.2	8.1
315	400	3	5	7	9	13	18	25	36	57	89	140	230	360	0.57	9.89	1.40	2.30	3.60	5.7	8.9
400	500	4	6	8	10	15	20	27	40	63	97	155	250	400	0.63	0.97	1.55	2.50	4.00	6.3	9.7

（2）基本偏差系列

1）基本偏差的概念

基本偏差是用以确定公差带相对于零线位置的上极限偏差或下极限偏差，一般为靠近零线的那个极限偏差。当整个公差带位于零线上方时，基本偏差为下极限偏差；反之，则为上极限偏差。

为了在满足机器中各种配合性质需要的前提下，减少配合种类，以利互换，必须把孔和轴的公差带位置标准化。标准规定了孔和轴各 28 种公差带位置，分别由 28 个基本偏差来确定。基本偏差代号用拉丁字母及其顺序表示，大写表示孔，小写表示轴。单写字母 21 个，双写字母 7 个，在 26 个字母中，I、L、O、Q、W（i、l、o、q、w）未用，以避免混淆。如图 1.7 所示，其中，H（或 h）的基本偏差等于零；而 JS（或 js）为对称于零线分布，其上下极限偏差为 ±IT/2；J（或 j）的公差带也跨零线两则，但不对称。

由图 1.7 可知，基本偏差仅决定了公差带的一个极限偏差，另一个极限偏差则由公差等级决定。当公差带在零线上方时，基本偏差是孔或轴的下极限偏差（EI 或 ei）。另一极限偏差即孔或轴的上极限偏差（ES 或 es），由下式决定为

$$ES = EI + IT$$
$$es = ei + IT$$

当公差带在零线下方时，基本偏差为孔或轴的上极限偏差（ES 或 es）。另一极限偏差即孔或轴的下极限偏差（EI 或 ei），由下式决定为

$$EI = ES - IT$$
$$ei = es - IT$$

因此，通常基本偏差与公差等级无关，而另一极限偏差才与公差等级有关。

2）基本偏差的构成规律

当尺寸在 500 mm 范围内时，可根据理论分析结合经验和统计结果得到轴的基本偏差计算式，并据此确定轴的基本偏差，然后再按一定换算原则确定孔的基本偏差。

①轴的基本偏差

轴的基本偏差计算式在国家标准中已有规定，其中，a—h 用于间隙配合，基本偏差的绝对值恰为配合后的最小间隙要求，故以最小间隙考虑；j—n 主要用于过渡配合（m、n 在少数情况下出现过盈配合），其间隙和过盈都不很大，以保证孔、轴配合时能较好地对中或定心，拆卸也不困难，其基本偏差按统计方法和经验数据来确定；p—zc 主要用于过盈配合（p、r 在少数情况

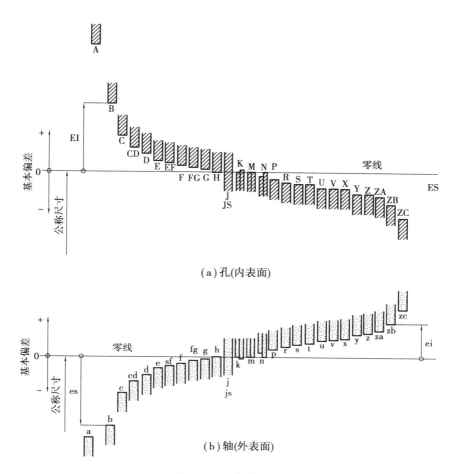

图 1.7　基本偏差系列

下出现过渡配合），其基本偏差的确定是按过盈配合的使用要求，以最小过盈考虑，使与一定等级的基准孔形成过盈配合，且大多以 H7 为基础。如 p 与 H7 配合时，要求有 0 ~ 5 μm 的最小过盈值，故其基本偏差计算式为 $ei = IT7 + (0 \sim 5)$ μm，而 p 与 H8 配合，实际上成为过渡配合。轴的基本偏差值见表 1.5。

②孔的基本偏差

基孔制和基轴制是两种并行等效的配合基准制，故两者中由同名基本偏差代号表示非基准件组成的同名配合，在孔、轴公差等级分别相同的条件下，如 H9/d9 与 D9/h9、H7/m6 与 M7/h6、H6/t5 与 T6/h5 等，其配合性质对应相同。因此，孔的基本偏差可由轴的基本偏差换算得到。

孔的基本偏差由同一字母代号轴的基本偏差换算时采用以下两种换算规则：

A. 通用规则：

同一代号表示的孔、轴基本偏差的绝对值相等而符号相反。适用于通用规则换算的孔有所有公差等级的 A—H；标准公差大于 IT8（不包括 IT8）的 K、M、N；标准公差大于 IT7（不包括 IT7）的 P—ZC。

对于 A—H，其基本偏差为下极限偏差 EI，其换算为

$$EI = -es$$

9

对于 K—ZC,基本偏差为上极限偏差 ES,其换算为

$$ES = - ei$$

例外的是,标准公差大于 IT8、公称尺寸大于 3 mm 的 N,其基本偏差等于零。

B. 特殊规则:

同一代号表示的孔轴的基本偏差符号相反,而绝对值相差一个 Δ 值。适用特殊规则换算基本偏差的孔有标准公差不大于 IT8 的 J、K、M、N;标准公差不大于 IT7 的 P—ZC。

在较高公差等级中,一般采用孔的公差等级较轴低一级的配合方式,并要求形成的基孔制与基轴制配合具有相同的配合性质。

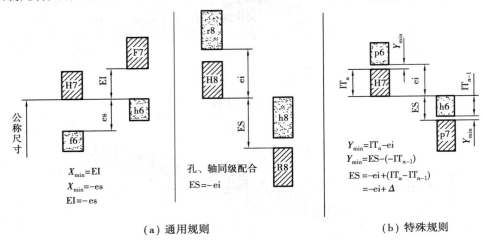

（a）通用规则　　　　　　　　　　　　　　　　（b）特殊规则

图 1.8　孔的基本偏差换算规则

由于

$$Y_{\min} = ES - ei$$

如图 1.8 所示,基孔制配合中,基准孔的上极限偏差等于孔公差 IT_n 的正值,故

$$Y_{\min} = IT_n - ei$$

基轴制配合中,基准轴的下极限偏差等于轴公差 IT_{n-1} 的负值,故

$$Y_{\min} = ES - (- IT_{n-1})$$

故

$$IT_n - ei = ES + IT_{n-1}$$

令

$$\Delta = IT_n - IT_{n-1}$$

得

$$ES = - ei + \Delta$$

式中　IT_n、IT_{n-1}——基准孔和基准轴的标准公差。

用公式计算出的孔的基本偏差按一定规则化整,标准后列于表 1.6。

对尺寸在 500～3 150 mm 内的基本偏差,因通常是孔轴同级组成配合,故无特殊规则,只有通用规则,其基本偏差计算式和数值表都大为简化,可参看公差与配合国家标准中有关部分。

（3）未注公差尺寸的极限偏差

为使图面清晰,突出重要的有高精度要求的尺寸,对要求不高的非配合尺寸,以及可由工

表 1.5 尺寸不大于 500 mm 的轴的基本偏差（GB/T 1800.1—2009）

基本偏差/μm

上极限偏差 es（所有公差等级）：a, b, c, cd, d, e, ef, f, Fg, g, h, js。js 偏差等于 ±IT/2。下极限偏差 ei（所有公差等级）：m, n, p, r, s, t, u, v, x, y, z, za, zb, zc。

公称尺寸/mm	a	b	c	cd	d	e	ef	f	Fg	g	h	js	j 5~6	j 7	j 8	k 4~7	k ≤3,>7	m	n	p	r	s	t	u	v	x	y	z	za	zb	zc
≤3	-270	-140	-60	-34	-20	-14	-10	-6	-4	-2	0	±IT/2	-2	-4	-6	0	0	+2	+4	+6	+10	+14	—	+18	—	+20	—	+26	+32	+40	+60
>3~6	-270	-140	-70	-46	-30	-20	-14	-10	-6	-4	0		-2	-4	—	+1	0	+4	+8	+12	+15	+19	—	+23	—	+28	—	+35	+42	+50	+80
>6~10	-280	-150	-80	-56	-40	-25	-18	-13	-8	-5	0		-2	-5	—	+1	0	+6	+10	+15	+19	+23	—	+28	—	+34	—	+42	+52	+67	+97
>10~14	-290	-150	-95	—	-50	-32	—	-16	—	-6	0		-3	-6	—	+1	0	+7	+12	+18	+23	+28	—	+33	—	+40	—	+50	+64	+90	+130
>14~18	-290	-150	-95	—	-50	-32	—	-16	—	-6	0		-3	-6	—	+1	0	+7	+12	+18	+23	+28	—	+33	+39	+45	—	+60	+77	+108	+150
>18~24	-300	-160	-110	—	-65	-40	—	-20	—	-7	0		-4	-8	—	+2	0	+8	+15	+22	+28	+35	—	+41	+47	+54	+63	+73	+98	+136	+188
>24~30	-300	-160	-110	—	-65	-40	—	-20	—	-7	0		-4	-8	—	+2	0	+8	+15	+22	+28	+35	+41	+48	+55	+64	+75	+88	+118	+160	+218
>30~40	-310	-170	-120	—	-80	-50	—	-25	—	-9	0		-5	-10	—	+2	0	+9	+17	+26	+34	+43	+48	+60	+68	+80	+94	+112	+148	+200	+274
>40~50	-320	-180	-130	—	-80	-50	—	-25	—	-9	0		-5	-10	—	+2	0	+9	+17	+26	+34	+43	+54	+70	+81	+97	+114	+136	+180	+242	+325
>50~65	-340	-190	-140	—	-100	-60	—	-30	—	-10	0		-7	-12	—	+2	0	+11	+20	+32	+41	+53	+66	+87	+102	+122	+144	+172	+226	+300	+405
>65~80	-360	-200	-150	—	-100	-60	—	-30	—	-10	0		-7	-12	—	+2	0	+11	+20	+32	+43	+59	+75	+102	+120	+146	+174	+210	+274	+360	+480
>80~100	-380	-220	-170	—	-120	-72	—	-36	—	-12	0		-9	-15	—	+3	0	+13	+23	+37	+51	+71	+91	+124	+146	+178	+214	+258	+335	+445	+585
>100~120	-410	-240	-180	—	-120	-72	—	-36	—	-12	0		-9	-15	—	+3	0	+13	+23	+37	+54	+79	+104	+144	+172	+210	+254	+310	+400	+525	+690
>120~140	-460	-260	-200	—	-145	-85	—	-43	—	-14	0		-11	-18	—	+3	0	+15	+27	+43	+63	+92	+122	+170	+202	+248	+300	+365	+470	+620	+800
>140~160	-520	-280	-210	—	-145	-85	—	-43	—	-14	0		-11	-18	—	+3	0	+15	+27	+43	+65	+100	+134	+190	+228	+280	+340	+415	+535	+700	+900
>160~180	-580	-310	-230	—	-145	-85	—	-43	—	-14	0		-11	-18	—	+3	0	+15	+27	+43	+68	+108	+146	+210	+252	+310	+380	+465	+600	+780	+1000
>180~200	-660	-340	-240	—	-170	-100	—	-50	—	-15	0		-13	-21	—	+4	0	+17	+31	+50	+77	+122	+166	+236	+284	+350	+425	+520	+670	+880	+1150
>200~225	-740	-380	-260	—	-170	-100	—	-50	—	-15	0		-13	-21	—	+4	0	+17	+31	+50	+80	+130	+180	+258	+310	+385	+470	+575	+740	+960	+1250
>225~250	-820	-420	-280	—	-170	-100	—	-50	—	-15	0		-13	-21	—	+4	0	+17	+31	+50	+84	+140	+196	+284	+340	+425	+520	+640	+820	+1050	+1350
>250~280	-920	-480	-300	—	-190	-110	—	-56	—	-17	0		-16	-26	—	+4	0	+20	+34	+56	+94	+158	+218	+315	+385	+475	+575	+710	+920	+1200	+1550
>280~315	-1050	-540	-330	—	-190	-110	—	-56	—	-17	0		-16	-26	—	+4	0	+20	+34	+56	+98	+170	+240	+350	+425	+525	+640	+790	+1000	+1300	+1700
>315~355	-1200	-600	-360	—	-210	-125	—	-62	—	-18	0		-18	-28	—	+4	0	+21	+37	+62	+108	+190	+268	+390	+475	+590	+710	+900	+1150	+1500	+1900
>355~400	-1350	-680	-400	—	-210	-125	—	-62	—	-18	0		-18	-28	—	+4	0	+21	+37	+62	+114	+208	+294	+435	+530	+660	+790	+1000	+1300	+1650	+2100
>400~450	-1500	-760	-440	—	-230	-135	—	-68	—	-20	0		-20	-32	—	+5	0	+23	+40	+68	+126	+232	+330	+490	+595	+740	+920	+1100	+1450	+1850	+2400
>450~500	-1650	-840	-480	—	-230	-135	—	-68	—	-20	0		-20	-32	—	+5	0	+23	+40	+68	+132	+252	+360	+540	+660	+820	+1000	+1250	+1600	+2100	+2600

注：1. 公称尺寸小于 1 mm 时，对 IT1—IT7，各级的 a 和 b 均不采用。

2. js 的数值：对 IT11—IT7，若 IT 的数值（μm）为奇数，则取 js = ±$\dfrac{IT-1}{2}$。

表 1.6 尺寸不大于 500 mm 孔的基本偏差数值（GB/T 1800.1—2009）

基本偏差/μm

公称尺寸/mm	下极限偏差 EI（所有公差等级）A*	B*	C	CD	D	E	EF	F	FG	G	H	js	J 6	J 7	J 8	K ≤8	K >8	M ≤8	M >8*	N ≤8	N >8*	P~ZC ≤7	上极限偏差 ES（>7）P	R	S	T	U	V	X	Y	Z	ZA	ZB	ZC	Δ/μm 3	4	5	6	7	8
≤3	+270	+140	+60	+34	+20	+14	+10	+6	+4	+2	0	偏差=±IT/2	+2	+4	+6	0	0	-2	-2	-4	-4	在大于7级的相应数值上增加一个Δ值	-6	-10	-14	—	-18	—	-20	—	-26	-32	-40	-60	0	0	0	0	0	0
>3~6	+270	+140	+70	+46	+30	+20	+14	+10	+6	+4	0		+5	+6	+10	-1+Δ	—	-4+Δ	-4	-8+Δ	0		-12	-15	-19	—	-23	—	-28	—	-35	-42	-50	-80	1	1.5	1	3	4	6
>6~10	+280	+150	+80	+56	+40	+25	+18	+13	+8	+5	0		+5	+8	+12	-1+Δ	—	-6+Δ	-6	-10+Δ	0		-15	-19	-23	—	-28	—	-34	—	-42	-52	-67	-97	1	1.5	2	3	6	7
>10~14	290	+150	+95	—	+50	+32	—	+16	—	+6	0		+6	+10	+15	-1+Δ	—	-7+Δ	-7	-12+Δ	0		-18	-23	-28	—	-33	—	-40	—	-50	-64	-90	-130	1	2	3	3	7	9
>14~18	290	+150	+95	—	+50	+32	—	+16	—	+6	0		+6	+10	+15	-1+Δ	—	-7+Δ	-7	-12+Δ	0		-18	-23	-28	—	-33	-39	-45	—	-60	-77	-108	-150	1	2	3	3	7	9
>18~24	300	+160	+110	—	+65	+40	—	+20	—	+7	0		+8	+12	+20	-2+Δ	—	-8+Δ	-8	-15+Δ	0		-22	-28	-35	—	-41	-47	-54	-63	-73	-98	-136	-188	1.5	2	3	4	8	12
>24~30	300	+160	+110	—	+65	+40	—	+20	—	+7	0		+8	+12	+20	-2+Δ	—	-8+Δ	-8	-15+Δ	0		-22	-28	-35	-41	-48	-55	-64	-75	-88	-118	-160	-218	1.5	2	3	4	8	12
>30~40	+310	+170	+120	—	+80	+50	—	+25	—	+9	0		+10	+14	+24	-2+Δ	—	-9+Δ	-9	-17+Δ	0		-26	-34	-43	-48	-60	-68	-80	-94	-112	-148	-200	-274	1.5	3	4	5	9	14
>40~50	+320	+180	+130	—	+80	+50	—	+25	—	+9	0		+10	+14	+24	-2+Δ	—	-9+Δ	-9	-17+Δ	0		-26	-34	-43	-54	-70	-81	-97	-114	-136	-180	-242	-325	1.5	3	4	5	9	14
>50~65	+340	+190	+140	—	+100	+60	—	+30	—	+10	0		+13	+18	+28	-2+Δ	—	-11+Δ	-11	-20+Δ	0		-32	-41	-53	-66	-87	-102	-122	-144	-172	-226	-300	-405	2	3	5	6	11	16
>65~80	+360	+200	+150	—	+100	+60	—	+30	—	+10	0		+13	+18	+28	-2+Δ	—	-11+Δ	-11	-20+Δ	0		-32	-43	-59	-75	-102	-120	-146	-174	-210	-274	-360	-480	2	3	5	6	11	16
>80~100	+380	+220	+170	—	+120	+72	—	+36	—	+12	0		+16	+22	+34	-3+Δ	—	-13+Δ	-13	-23+Δ	0		-37	-51	-71	-91	-124	-146	-178	-214	-258	-335	-445	-585	2	4	5	7	13	19
>100~120	+410	+240	+180	—	+120	+72	—	+36	—	+12	0		+16	+22	+34	-3+Δ	—	-13+Δ	-13	-23+Δ	0		-37	-54	-79	-104	-144	-172	-210	-254	-310	-400	-525	-690	2	4	5	7	13	19
>120~140	+460	+260	+200	—	+145	+85	—	+43	—	+14	0		+18	+26	+41	-3+Δ	—	-15+Δ	-15	-27+Δ	0		-43	-63	-92	-122	-170	-202	-248	-300	-365	-470	-620	-800	3	4	6	7	15	23
>140~160	+520	+280	+210	—	+145	+85	—	+43	—	+14	0		+18	+26	+41	-3+Δ	—	-15+Δ	-15	-27+Δ	0		-43	-65	-100	-134	-190	-228	-280	-340	-415	-535	-700	-900	3	4	6	7	15	23
>160~180	+580	+310	+230	—	+145	+85	—	+43	—	+14	0		+18	+26	+41	-3+Δ	—	-15+Δ	-15	-27+Δ	0		-43	-68	-108	-146	-210	-252	-310	-380	-465	-600	-780	-1 000	3	4	6	7	15	23
>180~200	+660	+340	+240	—	+170	+100	—	+50	—	+15	0		+22	+30	+47	-4+Δ	—	-17+Δ	-17	-31+Δ	0		-50	-77	-122	-166	-236	-284	-350	-425	-520	-670	-880	-1 150	3	4	6	9	17	26
>200~225	+740	+380	+260	—	+170	+100	—	+50	—	+15	0		+22	+30	+47	-4+Δ	—	-17+Δ	-17	-31+Δ	0		-50	-80	-130	-180	-258	-310	-385	-470	-575	-740	-960	-1 250	3	4	6	9	17	26
>225~250	+820	+420	+280	—	+170	+100	—	+50	—	+15	0		+22	+30	+47	-4+Δ	—	-17+Δ	-17	-31+Δ	0		-50	-84	-140	-196	-284	-340	-425	-520	-640	-820	-1 050	-1 350	3	4	6	9	17	26
>250~280	+920	+480	+300	—	+190	+110	—	+56	—	+17	0		+25	+36	+55	-4+Δ	—	-20+Δ	-20	-34+Δ	0		-56	-94	-158	-218	-315	-385	-475	-580	-710	-920	-1 200	-1 550	4	4	7	9	20	29
>280~315	+1 050	+540	+330	—	+190	+110	—	+56	—	+17	0		+25	+36	+55	-4+Δ	—	-20+Δ	-20	-34+Δ	0		-56	-98	-170	-240	-350	-425	-525	-650	-790	-1 000	-1 300	-1 700	4	4	7	9	20	29
>315~355	+1 200	+600	+360	—	+210	+125	—	+62	—	+18	0		+29	+39	+60	-4+Δ	—	-21+Δ	-21	-37+Δ	0		-62	-108	-190	-268	-390	-475	-590	-730	-900	-1 150	-1 500	-1 900	4	5	7	11	21	32
>355~400	+1 350	+680	+400	—	+210	+125	—	+62	—	+18	0		+29	+39	+60	-4+Δ	—	-21+Δ	-21	-37+Δ	0		-62	-114	-208	-294	-435	-530	-660	-820	-1 000	-1 300	-1 650	-2 100	4	5	7	11	21	32
>400~450	+1 500	+760	+440	—	+230	+135	—	+80	—	+20	0		+33	+43	+66	-5+Δ	—	-23+Δ	-23	-40+Δ	0		-68	-126	-232	-330	-490	-595	-740	-920	-1 100	-1 450	-1 850	-2 400	5	5	7	13	23	34
>450~500	+1 650	+840	+480	—	+230	+135	—	+80	—	+20	0		+33	+43	+66	-5+Δ	—	-23+Δ	-23	-40+Δ	0		-68	-132	-252	-360	-540	-660	-820	-1 000	-1 250	-1 600	-2 100	-2 600	5	5	7	13	23	34

注：1. 公称尺寸小于 1 mm 时，各级的 A 和 B 及大于 8 级的 N 均不采用。

2. 特殊情况：当公称尺寸为 250～315 mm 时，M6 的 ES 等于 -9（不等于 -11）。

　　计量器具零件的制造和装配误差也会产生测量误差。例如,游标卡尺标尺的刻线距离不准确、指示表的分度盘与指针回转轴的安装有偏心等都会产生测量误差。此外,相对测量时使用的标准量(如量块)的制造误差也会产生测量误差。

　　计量器具在使用过程中零件的变形、滑动表面的磨损等也会产生测量误差。

　　②方法误差

　　方法误差是指测量方法不完善(包括计算公式不准确、测量方法选择不当、工件安装定位不准确等)所引起的误差。例如,在接触测量中,由于测头测量力的影响,使被测零件和测量装置产生变形而产生测量误差。

　　③环境误差

　　环境误差是指测量时环境条件不符合标准的测量条件所引起的误差。例如,环境温度、湿度、气压、照明(引起视差)等不符合标准,以及振动、电磁场等的影响都会产生测量误差,其中尤以温度的影响最为突出。例如,在测量长度时,规定的环境条件标准温度为 20 ℃,但是在实际测量时被测零件和计量器具的温度均会产生或大或小的偏差,而被测零件和计量器具的材料不同时,它们的线膨胀系数是不同的,这将产生一定的测量误差,其大小 δ 可计算为

$$\delta = x\left[\alpha_1(t_1 - 20\ ℃) - \alpha_2(t_2 - 20\ ℃)\right] \qquad (1.6)$$

式中　　x——被测长度;

　　　　α_1、α_2——被测零件、计量器具的线膨胀系数;

　　　　t_1、t_2——测量时被测零件、计量器具的温度,℃。

　　因此,测量时应根据测量精度的要求,合理控制环境温度,以减小温度对测量精度的影响。

　　④人员误差

　　人员误差是指测量人员主观因素和操作技术所引起的误差。例如,测量人员使用计量器具不正确、测量瞄准不准确、读数或估读错误等都会产生测量误差。

　　3)测量误差的分类

　　根据测量误差的特征不同,可将测量误差分为 3 类:随机误差(偶然误差)、系统误差和粗大误差。

　　①随机误差

　　随机误差是指单个测量误差出现的大小、正负都无规律的误差。从表面看随机误差毫无规律,故称偶然误差。

　　随机误差出现的规律符合数学上的统计规律,因此常用概率论和统计方法进行处理,以便控制并减小它对测量结果的影响。

　　随机误差主要是由于测量过程中许多难以控制的偶然因素或不稳定因素引起的。例如,计量器具中机构的间隙、运动件间摩擦力的变化、测量力的不恒定和测量温度的波动等引起的测量误差都是随机误差。

　　②系统误差

　　系统误差是指在一定测量条件下,对同一被测量进行多次测量时,误差的大小和符号均不变,或按一定规律变化的误差。它分为定值系统误差和变值系统误差两种。

　　A.定值系统误差

　　在测量中对每次测量数据的影响都是相同的。例如,游标卡尺的零位误差;用量块调整比较仪时,量块按标称尺寸使用时其制造误差引起的测量误差;千分尺零位调整不正确引起的测量误差。

B. 变值系统误差

在测量时对测量结果的影响按一定规律变化。例如,测量中温度变化引起的误差;刻度盘与指针回转轴偏心所引起的按正弦规律周期变化的测量误差。

根据系统误差的变化规律,系统误差可用计算或实验对比的方法确定,用修正值从测量结果中予以消除。但在某些情况下,系统误差由于变化规律比较复杂,不易确定,因而难以消除。为了有效地提高测量精度,尽力消除系统误差的影响,就必须对测量结果进行分析。原则上系统误差可以控制,但有时规律不容易掌握,此时往往将这些系统误差看成随机误差来处理。

③粗大误差

粗大误差是指超出在一定测量条件下预计的测量误差,即对测量结果产生明显歪曲的测量误差。含有粗大误差的测得值称为异常值,它的数值比较大。粗大误差的产生有主观和客观两方面的原因,主观原因如测量人员疏忽造成的读数误差,客观原因如外界突然振动引起的测量误差。由于粗大误差明显歪曲测量结果,因此,在处理测量数据时,应根据判别粗大误差的准则设法将其剔除。

(5)测量器具的选择

要测量零件上的某一几何参数,可选择不同的量具。正确选择测量器具,既要考虑量具的精度,以保证被检工件的质量,同时也要考虑检验的经济性,不应过分追求选用高精度的测量器具。

无论采用通用测量器具,还是采用极限量规对工件进行检测都有测量误差存在。由于测量误差对测量结果有影响,当真实尺寸位于极限尺寸附近时,会引起误收,即把实际尺寸超过极限尺寸范围的工件误认为合格;或误废,即把实际尺寸在极限尺寸范围内的工件误认为不合格。由此可知,测量器具的精度越低,引起的测量误差就越大,误收和误废的概率就越大。

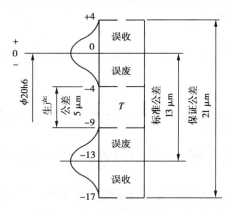

图 1.11 测量误差对测量结果的影响

例如,用示值误差为 ±4 μm 的千分尺验收 $\phi 20 h 6 \left({}^{\ 0}_{-0.013} \right)$ 的轴径时,其公差带如图 1.11 所示。根据规定,其上下极限偏差分别为 0 与 −13 μm。若轴径的实际偏差是大于 0 ~ +4 μm 的不合格品,由于千分尺的测量误差为 −4 μm 的影响,其测得值可能小于其上极限偏差,从而误判成合格品而接收,即导致误收;反之,若轴径的实际偏差为 −4 μm ~ 0 的合格品,而千分尺的测量误差为 +4 μm 时,测得值就可能大于其上极限偏差,于是误判为废品,即导致误废。同理,当轴径的实际偏差为 −17 ~ −13 μm 的废品或为 −13 ~ −9 μm 的合格品,而千分尺的测量误差又分别为 +4 μm 或 −4 μm 时,同样将导致误收和误废。误收会影响产品质量,误废则会造成经济损失。

测量器具的精度应该与被测零件的公差等级相适应,被测零件的公差等级越高,公差值越小,则选用的测量器具精度要求越高,反之亦然。但是不管采用什么样的仪器或量具,都存在着测量误差。为了保证被测零件的正确率,验收标准规定:验收极限从规定的极限尺寸向零件公差带内移动一个测量不确定度的允许值 A(安全裕度),如图 1.12 所示。根据这一原则,建立了在规定尺寸极限基础上内缩的验收规则。

由于测量误差的存在,使得测量结果相对真值有一分散范围,其分散程度用测量不确定度表示。测量孔或轴的实际尺寸时,应根据孔、轴公差的大小规定测量不确定度允许值,以保证产品质量,此允许值称为安全裕度 A。GB/T 3177—2009 规定,A 值按工件尺寸公差 T 的 1/10 确定,其数值列于表 1.8。令 K_s 和 K_i 分别表示上、下验收极限,L_{max} 和 L_{min} 分别表示最大和最小实体尺寸(见图 1.12),则

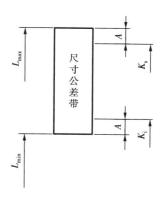

$$K_s = L_{max} - A$$
$$K_i = L_{min} + A \tag{1.7}$$

图 1.12　内缩方式的验收极限

安全裕度 A 的确定,必须从技术和经济两个方面综合考虑。A 值较大时,可选用较低精度的测量器具进行检验,但减少了生产公差,因而加工经济性差;A 值较小时,要用较精密的测量器具,加工经济性好,但测量仪器费用高。因此,A 值应按被检工件的公差大小确定,一般为工件公差的 1/10。

安全裕度相当于测量中的总的不确定度。不确定度用以表征测量过程中各项误差综合影响沿测量结果分散程度的误差界限。从测量结果分析,它由两部分组成,即测量器具的不确定度 u_1 和由温度、压陷效应以及工件形状误差等因素引起的不确定度 u_2。

根据测量误差的来源,测量不确定度 u 是由计量器具的不确定度 u_1 和测量条件引起的测量不确定度 u_2 组成的。u_1 是表征由计量器具内在误差所引起的测得的实际尺寸对真实尺寸可能分散的一个范围,其中,还包括使用的标准器具(如调整比较仪示值零位用的量块、调千分尺示值零位用的校正棒)的测量不确定度。u_2 是表征测量过程中由温度、压陷效应及工件形状误差等因素所引起的测得的实际尺寸对真实尺寸可能分散的一个范围。

u_1 和 u_2 均为随机变量,因此,它们之和(测量不确定度)也是随机变量。但 u_1 和 u_2 对 u 的影响程度是不同的,u_1 的影响较大,u_2 的影响较小,u_1 和 u_2 一般按 2∶1 的关系处理。根据独立随机变量合成规则,得 $u = \sqrt{u_1^2 + u_2^2}$,则

$$u_1 = 0.9u, u_2 = 0.45u$$

当验收极限采用内缩方式,且把安全裕度 A 取为工件尺寸公差 T 的 1/10 时,为了满足生产上对不同的误收、误废允许率的要求,GB/T 3177—2009 将测量不确定度允许值 u 与 T 的比值 τ 分成 3 挡,它们分别是 Ⅰ 挡,$\tau = 1/10$;Ⅱ 挡,$\tau = 1/6$;Ⅲ 挡,$\tau = 1/4$。相应地,计量器具测量不确定度允许值 u_1 也按 τ 分挡,$u_1 = 0.9u$。对于 IT11—IT6 的工件,u_1 分为 Ⅰ、Ⅱ、Ⅲ 这 3 挡;对于 IT18—IT12 的工件,u_1 分为 Ⅰ、Ⅱ 两挡。3 个挡次 u_1 的数值见表 1.8。

从表 1.8 选用 u_1 时,一般情况下优先选用 Ⅰ 挡,其次选用 Ⅱ 挡、Ⅲ 挡。然后,按表 1.9 所列普通计量器具的测量不确定度 u_1' 的数值,选择具体的计量器具。所选择的计量器具的 u_1' 值应不大于 u_1 值。

当选用 Ⅰ 挡的 u_1 且所选择的计量器具的 $u_1' \leqslant u_1$ 时,$u = A = 0.1T$。根据理论分析,误收率为 0,产品质量得到保证,而误废率为 7%(工件实际尺寸遵循正态分布)~14%(工件实际尺寸遵循偏态分布)。

当选用 Ⅱ 挡、Ⅲ 挡的 u_1 且所选择的计量器具的 $u_1' \leqslant u_1$ 时,$u > A(A = 0.1T)$,误收率和误废率皆有所增大,u 对 A 的比值(大于 1)越大,则误收率和误废率的增大就越多。

表 1.8　安全裕度 A 与计量器具测量不确定度的允许值 u_1（摘自 GB/T 3177—2009）/ μm

孔、轴的标准公差等级	6						7						8						9					
公称尺寸 /mm		T	A	u_1			T	A	u_1			T	A	u_1			T	A	u_1		
				I	II	III			I	II	III			I	II	III			I	II	III
—	3	6	0.6	0.54	0.9	1.4	10	0.1	0.9	1.5	2.3	14	1.4	1.3	2.1	3.2	25	2.5	2.3	3.8	5.6
3	6	8	0.8	0.72	1.2	1.8	12	1.2	1.1	1.8	2.7	18	1.8	1.6	2.7	4.1	30	3.0	2.7	4.5	6.8
6	10	9	0.9	0.81	1.4	2.0	15	1.5	1.4	2.3	3.4	22	2.2	2.0	3.3	5.0	36	3.6	3.2	5.4	8.1
10	18	11	1.1	1.0	1.7	2.5	18	1.8	1.6	2.7	4.1	27	2.7	2.4	4.1	6.1	43	4.3	3.9	6.5	9.7
18	30	13	1.3	1.2	2.0	2.9	21	2.1	1.9	3.2	4.7	33	3.3	3.0	5.0	7.4	52	5.2	4.7	7.8	12
30	50	16	1.6	1.4	2.4	3.6	25	2.5	2.3	3.8	5.6	39	3.9	3.5	5.9	8.8	62	6.2	5.6	9.3	14
50	80	19	1.9	1.7	2.9	4.3	30	3.0	2.7	4.5	6.8	46	4.6	4.1	6.9	10	74	7.4	6.7	11	17
80	120	22	2.2	2.0	3.3	5.0	35	3.5	3.2	5.3	7.9	54	5.4	4.9	8.1	12	87	8.7	7.8	13	20
120	180	25	2.5	2.3	3.8	5.6	40	4.0	3.6	6.0	9.0	63	6.3	5.7	9.5	14	100	10	9	15	23
180	250	29	2.9	2.6	4.4	6.5	46	4.6	4.1	6.9	10	72	7.2	6.5	11	16	115	12	10	17	26
250	315	32	3.2	2.9	4.8	7.2	52	5.2	4.7	7.8	12	81	8.1	7.3	12	18	130	13	12	20	29
315	400	36	3.6	3.2	5.4	8.1	57	5.7	5.1	8.6	13	89	8.9	8.0	13	20	140	14	13	21	32
400	500	40	4.0	3.6	6.0	9.0	63	6.3	5.7	9.5	14	97	9.7	8.7	15	22	155	16	14	23	35

孔、轴的标准公差等级	10						11						12					13			
公称尺寸 /mm		T	A	u_1			T	A	u_1			T	A	u_1			T	A	u_1	
				I	II	III			I	II	III			I	II				I	II
—	3	40	4.0	3.6	6.0	9.0	60	6.0	5.4	9.0	14	100	10	9	15	140	14	13	21
3	6	48	4.8	4.3	7.2	11	75	7.5	6.8	11	17	120	12	11	18	180	18	16	27
6	10	58	5.8	5.2	8.7	13	90	9.0	8.1	14	20	150	15	14	23	220	22	20	33
10	18	70	7.0	6.3	11	16	110	11	10	17	25	180	18	16	27	270	27	24	41
18	30	84	8.4	7.6	13	19	130	13	12	20	29	210	21	19	32	330	33	30	50
30	50	100	10	9	15	23	160	16	14	24	36	250	25	23	38	390	39	35	59
50	80	120	12	11	18	27	190	19	17	29	43	300	30	27	45	460	46	41	69
80	120	140	14	13	21	32	220	22	20	33	50	350	35	32	53	540	54	49	81
120	180	160	16	14	24	36	250	25	23	38	56	400	40	36	60	630	63	57	95
180	250	185	19	17	28	42	290	29	26	44	65	460	46	41	69	720	72	65	110
250	315	210	21	19	32	47	320	32	29	48	72	520	52	47	78	810	81	73	120
315	400	230	23	21	35	52	360	36	32	54	81	570	57	51	86	890	89	80	130
400	500	250	25	23	38	56	400	40	36	60	90	630	63	57	95	970	97	87	150

注：T—孔、轴的尺寸公差。

表 1.9　千分尺和游标卡尺的测量不确定度(摘自 JB/Z 181—82)

尺寸范围/mm	分度值 0.01 mm 外径千分尺	分度值 0.01 mm 内径千分尺	分度值 0.02 mm 游标卡尺	分度值 0.05 mm 游标卡尺
	不确定度 u_1'/mm			
≤50	0.004			
>50 ~ 100	0.005	0.008	0.020	0.050
>100 ~ 150	0.006			
>150 ~ 200	0.007	0.013		

(6)计量器具的主要技术指标

计量器具的度量指标是表征计量器具技术性能和功用的计量参数,是合理选择和使用计量器具的重要依据。其主要指标如下:

①刻度间距。刻度间距是计量器具刻度标尺或度盘上两相邻刻线间的距离。为适于人眼观察,刻度间距一般为 1 ~ 2.5 mm。

②分度值。分度值是指计量器具标尺或分度盘上每一刻度间距所代表的量值。一般长度计量器具的分度值有 0.1 mm、0.05 mm、0.02 mm、0.01 mm、0.005 mm、0.002 mm、0.001 mm等。一般来说,分度值越小,则计量器具的精度越高。

③示值范围。示值范围是指计量器具所能显示(或指示)的最低值到最高值的范围。

④测量范围。测量范围是计量器具所能测量尺寸的最小值到最大值的范围。

⑤灵敏度。灵敏度是指计量器具对被测几何量变化的响应变化能力。一般来说,分度值越小,则计量器具的灵敏度就越高。

⑥示值误差。示值误差是指计量器具上的示值与被测真值的代数差。一般来说,示值误差越小,则计量器具的精度就越高。

⑦修正值。修正值是指为了消除或减少系统误差,用代数法加到未修正测量结果上的数值。修正值的大小与示值误差的绝对值相等,而符号相反。例如,示值误差为 -0.004 mm,则修正值为 +0.004 mm。

⑧测量力。测量力是测量头与被测零件表面在测量时相接触的力。测量力将引起测量器具和被测量零件的弹性变形,影响测量精度。

1.4.2　认识游标卡尺

游标卡尺是一种应用游标原理所制成的量具,如图 1.13、图 1.14 所示。常见的游标量具有游标卡尺、数显卡尺及游标深度尺及游标高度尺等,其特点是结构简单、使用方便、测量范围较大,精度较低。游标卡尺主要应用于车间现场的低精度测量,一般用来测量工件的外径、内径、长度、宽度、深度及孔距等。

(1)游标规格

游标卡尺的分度值为 0.02 mm、0.05 mm 等,测量范围一般为 0 ~ 150 mm、0 ~ 200 mm、0 ~ 300 mm、0 ~ 500 mm、0 ~ 1 000 mm、0 ~ 2 000 mm 及 0 ~ 3 000 mm。

(2)读数方法

游标卡尺是利用主尺与游标尺之间的刻线间距差进行读数的。例如,测量范围 0 ~ 125 mm

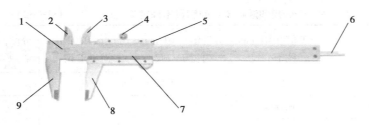

图 1.13　游标卡尺外形

1—主尺;2、3—内测量爪;4—紧固螺钉;5—游标框;

6—测深尺;7—游标;8、9—外测量爪

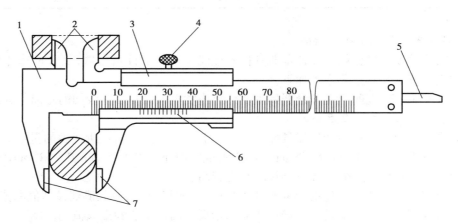

图 1.14　精度为 0.02 mm 的游标卡尺

1—主尺;2—内测量爪;3—游标框;4—紧固螺钉;5—测深尺;6—游标;7—外测量爪

（分度值 0.02 mm）的游标卡尺:$a = 1$ mm,$b = 0.98$ mm,$n = 50$ 格,即主尺上的 49 格（49 mm）与游标尺上的 50 格的长度相等,主尺刻线间距 $a -$ 游标尺刻线间距 $b = (1 - 0.98)$mm $= 0.02$ mm（即分度值为 0.02 mm）。读数示例如图 1.15 所示。

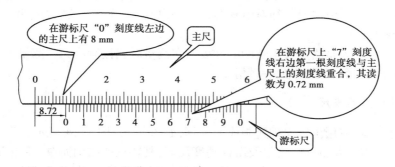

图 1.15　卡尺读数示例

0 ~ 125 mm（分度值 0.02 mm）游标卡尺最后示值为（8 + 0.72）mm = 8.72mm。

（3）测量前注意事项

在使用卡尺前,必须仔细检查其外观和相关部件是否符合要求,检查项目和应达到的要求如下:

①游标卡尺的刻度和数字应清晰。

②不应有锈蚀、磕碰、断裂、划痕或影响其使用性能的缺陷。

③用手轻轻推动尺框,尺框在尺身上移动应平稳,不应有阻滞或松动现象,紧固螺钉的作用要可靠。

④经上述检查并符合要求后,用干净的布或软纸擦净测量面,然后推动尺框,使两测量面接触,观察两测量面之间的间隙是否符合要求。如有间隙,则要判断出间隙的大小,不同分度值的游标卡尺允许两测量面之间的间隙见表1.10。

表1.10　游标卡尺两测量面之间间隙的允许值

游标分度值/mm	外测量爪两测量面合并间隙允许值/mm
0.02	0.006
0.05	0.01
0.10	0.01

⑤判断两测量面之间间隙的方法如下:用干净的布条或棉团沾少许无水汽油(120#),擦净两测量面,然后将外测量爪两测量面合并后,对着光线观察(自然光或灯光),如果两测量面间露出一条光,则说明两测量面之间的间隙已经大于0.01 mm;若漏光呈"八"字形,则说明两测量面不平行。

间隙值超过规定的要求,或两测量面不平行的卡尺不得使用,应送专业人员修理。

(4)测量时注意事项

①测量面与工件被测量面之间的接触,既要紧密,又不能施加过大压力,否则会造成较大的测量误差,甚至损坏卡尺的测量爪或被测工件的测量面。

②由于游标卡尺和被测工件都存在热胀冷缩的性能,因此在测量时,应尽可能使卡尺和被测工件温度一致,以保证测量值的准确性。

③不准把卡尺当作卡板、扳手使用,或把测量爪当作划针、圆规使用。

(5)卡尺的保养

①卡尺用完后,应用干净的棉布将其擦干净,平放入木盒内。如较长时间不使用,应用汽油擦洗干净,并涂一层薄的防锈油。

②卡尺不能放在磁场附近,以免磁化,影响正常使用。

③非专业修理人员不得随意拆卸游标卡尺。

1.4.3　认识深度游标卡尺

(1)深度游标卡尺的用途和种类

深度游标卡尺主要用于测量凹槽或孔的深度、梯形工件的梯层高度、长度等尺寸,平常被简称为"深度尺"。

深度游标卡尺的分类主要依据其示值方式,可分为普通游标式、带表式和电子数显式3大类。

(2)深度游标卡尺的结构

深度游标卡尺的主要结构与普通游标卡尺的深度尺部分基本相同,不同点只在于它的定位面比较宽大,这个定位面被称为尺框或尺座,如图1.16所示。

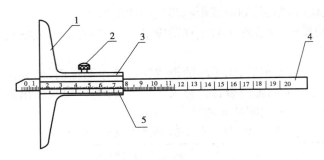

图 1.16 深度游标卡尺的结构

1—测量基座;2—紧固螺钉;3—尺框;4—尺身;5—游标

（3）深度游标卡尺测量范围

深度游标卡尺的常用范围有 0 ~ 150 mm、0 ~ 200 mm、0 ~ 300 mm、0 ~ 500 mm 等;分度值有 0.02 mm、0.05 mm、0.10 mm 3 种。

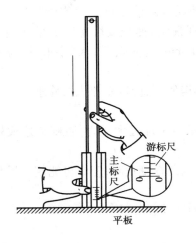

图 1.17　用平板校对深度尺的零位

（4）使用方法与注意事项

1）校对零位的方法

准备一块 0 级平板或平尺,将平板（或平尺）和深度尺的尺身测量面、尺框的测量面都擦干净,然后把尺框的测量面放在平板上,左手压住尺座,右手向下推尺身,使其与平板接触,如图 1.17 所示。下面对不同示值形式的深度尺按不同的校对方法进行对零位。

①深度尺

观察游标的 0 位刻线与尺身的 0 位刻线是否对齐重合,如重合,则说明该深度尺的零位正确。

②带表的深度尺

要求“双对 0”,即尺框的示值部位与尺身的 0 刻线的边缘恰好相切,而且指示表的指针与表盘的 0 线重合,这样才是零位正确。

2）使用方法

①先移动深度尺的尺身,使其伸出长度略小于被测量长度值。

②将深度尺插入凹槽中,并使深度尺的尺座抵靠在凹槽的外缘上,保持深度尺与凹槽端面垂直,一只手按住尺座,另一手轻轻拉动尺身,使尺身继续伸出直至接触到凹槽的底部为止。

3）测量注意事项

①在测量时,尺身不要歪斜,否则将得出错误的读数。

②不要将尺身紧靠在被侧工件的侧面,以免因工件底部有圆角,而使得测出值小于实际尺寸。

③当被测孔或槽开口较大时,要在开口处加一块平板（平板的平行度和粗糙度符合要求）作辅助板,然后将尺座基准面放在辅助板上,卡尺的示值减去辅助板的厚度,则为被测量值,如图 1.18 所示。

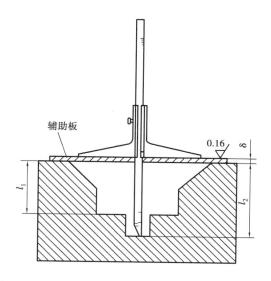

图 1.18 用深度尺加辅助平板测量大口孔或槽的方法

1.4.4 认识外径千分尺

外径千分尺属于微动螺旋类量具,它是利用螺旋副进行测量的一种量具。微动螺旋类量具除了最常见的外径千分尺之外,还有内径千分尺、深度千分尺等。其特点是以精密螺纹作标准量,结构也比较简单,原理误差小,精度比游标类量具高,主要用于车间现场作一般精度的测量。外径千分尺的外形和具体结构如图 1.19 所示。

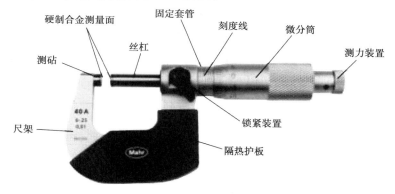

图 1.19 外径千分尺外形

外径千分尺的结构如图 1.20 所示,它由固定的尺架、固定测头、活动测头、螺纹轴套、固定套筒、微分筒、测力装置及缩紧装置等构成。

在固定套筒上有一条水平线,该线上下各有一列间距为 1 mm 的刻度线,且上面的刻度线正好位于下面两相邻刻度线的中间。微分筒上的刻度线将圆周 50 等分,它可作旋转运动。

(1)外径千分尺规格

千分尺的分度值为 0.01 mm,规格有 0 ~ 25 mm、25 ~ 50 mm、50 ~ 75 mm 直至 600 ~ 700 mm 等多种。

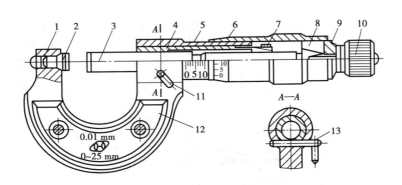

图 1.20　外径千分尺结构

1—尺架;2—固定测头;3—活动测头;4—螺纹轴套;5—固定套筒;6—微分筒;

7—调节螺母;8—接头;9—垫片;10—测力装置;11—锁紧装置;12—隔热装置;13—锁紧轴

（2）外径千分尺读数方法

千分尺的示值机构是由固定套筒和微分筒组成,固定套筒上的纵向刻线是微分筒示值的基准线,而微分筒的左端面是固定套筒示值的指示线。固定套筒纵刻线的上下两侧各有一排均匀刻线,其间距都是 1 mm。根据螺旋运动原理,当微分筒旋转 1 周时,活动测头前进或后退一个螺距 0.5 mm。这样,当微分筒旋转一个分度值后,即转过了 1/50 周,这时活动测头沿轴线移动了 $1/50 \times 0.5$ mm $= 0.01$ mm。因此,千分尺可准确读出 0.01 mm 的数值。测量时,具体读数分以下 3 个步骤:

1）读整数

读出微分筒左端面边缘在固定套筒对应的刻线值,即被测工件的整数或 0.5 mm 数。如图 1.21(a)、(b)、(c)所示整数分别为 0 mm、6.5 mm、5 mm。

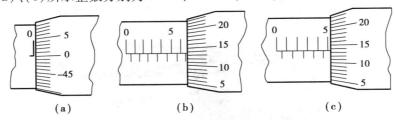

|(a)|(b)|(c)|

图 1.21　外径千分尺示值

2）读小数

找出与基准线对准的微分筒上的刻线值,其值的读法为该刻线值/100,如图 1.21(b)、(c)所示小数都为 13.5/100 mm $= 0.135$mm。

3）整个读数

将上面两次读数值相加,就是被测工件的尺寸。如图 1.21(a)、(b)、(c)所示工件的最终示值分别为 0 mm、6.635 mm 和 5.135 mm。

（3）测量步骤

①校对游标卡尺、外径千分尺等测量器具的零位。若零位不能对正时,记下此时的代数值,将零件的各测量数据减去该代数值。

②用标准量块校对游标卡尺。根据标准量块值熟悉掌握游标尺卡脚和工件接触的松紧程度。

③根据图 1.1、图 1.2 零件图纸标注要求,选择合适的计量器具,见表 1.11。

表 1.11　计量器具选择及实训报告

检测项目	图纸要求	使用器具规格	实测结果	结　论
外圆	$\phi37_{-0.039}^{0}$	25~50 外径千分尺		
	$\phi32_{-0.039}^{0}$	25~50 外径千分尺		
	$\phi30_{-0.21}^{0}$	0~150 游标卡尺		
长度或深度	$30_{0}^{+0.1}$	0~200 深度游标卡尺		
	30	0~150 游标卡尺		

④如果测量外圆,应在阶梯轴的不同截面、不同方向测量 3~5 处,记下示值;若测量长度,可沿圆周位置测量几处,记录示值。

⑤测量外圆时,可用不同分度值的计量器具测量,对测量结果进行比较,判断测量的准确性。

⑥将测量结果和图纸要求比较,判断其合格性。

⑦作出实训报告,见表 1.11。

(4)外径千分尺使用注意事项

①使用前,要检查千分尺的各部位是否灵活可靠,微分筒的转动是否灵活,锁紧装置的作用是否可靠,零位是否正确等。

②外径千分尺是一种精密的量具,使用时应小心谨慎,动作轻缓,不要让它受到打击和碰撞。千分尺内有一精密的细牙螺纹,使用时要注意:一是微分筒和测力装置在转动时不能过分用力;二是当转动微分筒带动活动测头接近被测工件时,一定要改用测力装置旋转接触被测工件,不能直接旋转微分筒测量工件;三是当活动测头与固定测头卡住被测工件或锁住锁紧装置时,不能强行转动微分筒。

③外径千分尺的尺架上装有隔热装置,以防手温引起尺架膨胀造成测量误差。因此测量时,应手握隔热装置,尽量减少手与千分尺金属部分接触。

④外径千分尺使用完毕,应用布擦干净,在固定测头和活动测头的测量面间留出空隙,放入盒中。如长期不使用可在测量面上涂上防锈油,置于干燥处。

⑤读数时要防止在固定套管上多读或少读 0.5 mm。

⑥不能用千分尺测量毛坯或转动的工件。

1.5　习　题

1.1　尺寸误差与尺寸公差有何区别?零件的尺寸偏差越大是否精度越低?举例说明。

1.2　配合的松紧程度与松紧程度的一致性(均匀程度)有何区别?它们分别用什么表示?

1.3 什么是公差带？公差带由哪两个基本要素组成？

1.4 根据表 1.12 中的数值，求空格中数值并填于空格处（单位为 mm）。

表 1.12

公称尺寸	上极限尺寸	下极限尺寸	上极限偏差	下极限偏差	公　差
孔 $\phi 8$	8.040	8.025			
轴 $\phi 60$			-0.060		0.046
孔 $\phi 30$		30.020			0.130
轴 $\phi 50$			-0.050	-0.112	

1.5 一轴与轴套配合。轴套外径为 $d_1 = 100_{-0.07}^{0}$ mm，轴套壁厚 $S = 5_{-0.02}^{0}$ mm，配合的最小间隙 $X_{min} = +10$ μm，轴的直径的公差为 $T_s = 70$ μm。若零件形状误差忽略不计，试确定轴的直径 d_2 的公称尺寸及上、下极限偏差。

1.6 根据孔 $\phi 50_{+0.025}^{+0.050}$ mm，指出或计算：公称尺寸、极限偏差、基本偏差、尺寸公差、极限尺寸，并画出尺寸公差带图。

2.1 给定检测任务

内孔和中心高的测量给定的检测任务如图 2.1 和图 2.2 所示。

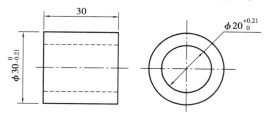

图 2.1 套筒

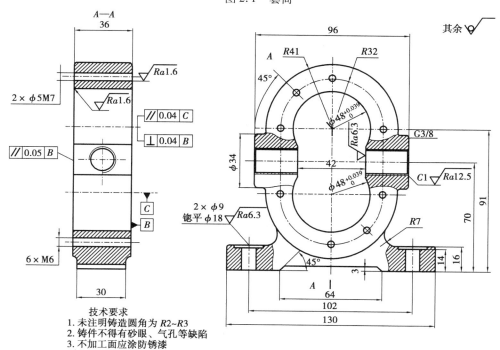

技术要求

1. 未注明铸造圆角为 R2~R3
2. 铸件不得有砂眼、气孔等缺陷
3. 不加工面应涂防锈漆

图 2.2 齿轮油泵泵体

27

2.2　问题的提出

如图 2.1 所示为一个套筒零件,其中有 $\phi20^{+0.21}_{0}$ 等的标注;如图 2.2 所示为一个齿轮油泵泵体零件,其中有 $\phi48^{+0.039}_{0}$、$2\times\phi5$、$2\times\phi9$、70 及 91 等的标注。请同学从以下 5 个方面进行学习:

①分析图纸,明确精度要求。

②查阅相关国家计量标准,理解 $\phi20^{+0.21}_{0}$、$\phi48^{+0.039}_{0}$、$2\times\phi5$、$2\times\phi9$、70 及 91 等标注的含义。

③选择计量器具,确定测量方案。

④对计量器具进行保养与维护。

⑤填写检测报告与数据处理。

2.3　配合的认识

2.3.1　配合类型

配合是指公称尺寸相同的相互结合的孔轴公差带之间的关系,这种关系决定着配合的松紧程度,而这松紧程度是用间隙和过盈来描述的。

(1)间隙或过盈

在孔与轴的配合中,孔的尺寸减去轴的尺寸所得的代数差称为间隙或过盈。当差值为正时是间隙,用 X 表示,为负时是过盈,用 Y 表示。

配合按其出现间隙或过盈的不同分为间隙配合、过盈配合和过渡配合。

1)间隙配合

对于一批孔、轴,任取其中一对相配,具有间隙(包括最小间隙等于零)的配合,称为间隙配合。此时,孔的公差带在轴的公差带之上,如图 2.3(a)所示。

由于孔和轴的实际尺寸在各自的公差带内变动,因此,装配后各对孔、轴间的间隙也是变动的。当孔制成上极限尺寸、轴制成下极限尺寸时,装配后得到最大间隙 $X_{\max}$;当孔制成下极限尺寸、轴制成上极限尺寸时,装配后得到最小间隙 $X_{\min}$,即

$$X_{\max} = D_{\max} - d_{\min} = \text{ES} - \text{ei}$$
$$X_{\min} = D_{\min} - d_{\max} = \text{EI} - \text{es}$$

间隙配合的平均松紧程度用平均间隙描述,它是最大间隙与最小间隙的平均值,即

$$X_{c} = \frac{1}{2}(X_{\max} + X_{\min})$$

2)过盈配合

对于一批孔、轴,任取一对相配,具有过盈(包括最小过盈等于零)的配合,称为过盈配合。此时,孔的公差带在轴的公差带之下,如图 2.3(b)所示。同样,各对孔、轴间的过盈也是变化的。

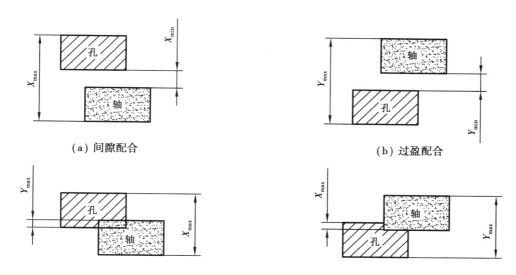

（a）间隙配合   （b）过盈配合

（c）过渡配合

图2.3 配合种类

孔制成上极限尺寸、轴制成下极限尺寸时,装配后得到最小过盈 $Y_{\min}$;孔制成下极限尺寸、轴制成上极限尺寸时,装配后得到最大过盈 $Y_{\max}$;平均过盈为最大过盈与最小过盈的平均值,即

$$Y_{\min} = D_{\max} - d_{\min} = \mathrm{ES} - \mathrm{ei}$$

$$Y_{\max} = D_{\min} - d_{\max} = \mathrm{EI} - \mathrm{es}$$

$$Y_{c} = \frac{1}{2}(Y_{\max} + Y_{\min})$$

3）过渡配合

对于一批孔、轴,任取其中一对相配,可能具有间隙也可能具有过盈的配合,称为过渡配合。此时,孔的公差带与轴的公差带相互交叠,如图2.3（c）所示。过渡配合中,各对孔、轴间的间隙或过盈也是变化的。当孔制成上极限尺寸、轴制成下极限尺寸时,装配后得到最大间隙;当孔制成下极限尺寸、轴制成上极限尺寸时,装配后得到最大过盈。

过渡配合的平均松紧程度,可能是平均间隙,也可能是平均过盈。当相互交叠的孔公差带高于轴公差带时,为平均间隙;当相互交叠的孔公差带低于轴公差带时,为平均过盈。在过渡配合中,平均间隙或平均过盈为最大间隙与最大过盈的平均值,所得值为正时,则为平均间隙,为负时则为平均过盈,即

$$X_{c}(Y_{c}) = \frac{1}{2}(X_{\max} + Y_{\max})$$

4）配合公差

组成配合的孔与轴的公差之和称为配合公差,它是允许间隙或过盈的变动量,以 T_{f} 表示,其计算公式如下:

间隙配合:

$$T_{f} = |X_{\max} - X_{\min}|$$

过盈配合:

$$T_f = |Y_{min} - Y_{max}|$$

过渡配合:

$$T_f = |X_{max} - Y_{max}|$$

上述 3 式中间隙配合可写为

$$T_f = |(D_{max} - d_{min}) - (D_{min} - d_{max})|$$
$$= |(D_{max} - D_{min}) + (d_{max} - d_{min})|$$
$$= T_h + T_s$$

同理,过盈、过渡配合也可写为

$$T_f = |Y_{min} - Y_{max}| = T_h + T_s$$
$$T_f = |X_{max} - Y_{max}| = T_h + T_s$$

各类配合的配合公差均为孔公差与轴公差之和,即

$$T_f = T_h + T_s$$

这一结论说明,配合件的装配精度与零件的加工精度有关,若要提高装配精度,使配合后间隙或过盈的变化范围减小,则应减小零件的公差,即需要提高零件的加工精度。

例 2.1 计算孔 $\phi30^{+0.033}_{0}$ 与轴 $\phi30^{-0.020}_{-0.041}$ 配合的极限间隙、平均间隙和配合公差。

解 作出公差带图(见图 2.4),即

$$X_{max} = ES - ei = 0.033 \text{ mm} - (-0.041)\text{mm} = +0.074 \text{ mm}$$
$$X_{min} = EI - es = 0 - (-0.020)\text{mm} = +0.020 \text{ mm}$$
$$X_c = \frac{1}{2}(X_{max} + X_{min}) = \frac{1}{2}(0.074 + 0.020)\text{mm} = +0.047 \text{ mm}$$
$$T_f = |X_{max} - X_{min}| = |0.074 - 0.020| \text{ mm} = 0.054 \text{ mm}$$

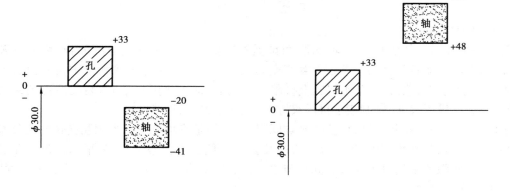

图 2.4   图 2.5

例 2.2 计算孔 $\phi30^{+0.033}_{0}$ 与轴 $\phi30^{+0.069}_{+0.048}$ 配合的极限过盈、平均过盈和配合公差。

解 作出公差带图(见图 2.5),即

$$Y_{min} = ES - ei = +0.033 \text{ mm} - 0.048 \text{ mm} = -0.015 \text{ mm}$$
$$Y_{max} = EI - es = 0 - 0.069 \text{ mm} = -0.069 \text{ mm}$$
$$Y_c = \frac{1}{2}(Y_{min} + Y_{max}) = \frac{1}{2}(-0.015 - 0.069)\text{mm} = -0.042 \text{ mm}$$
$$T_f = |Y_{min} - Y_{max}| = |-0.015 - (-0.069)| \text{ mm} = 0.054 \text{ mm}$$

或

$$T_f = T_h + T_s = 0.033 \text{ mm} + 0.021 \text{ mm} = 0.054 \text{ mm}$$

（2）基准制

为了使配合种类进一步简化,国家标准规定了两种基准制:基孔制和基轴制。

1）基孔制

基孔制是基本偏差为一定的孔的公差带,与不同基本偏差的轴的公差带形成各种配合的一种制度,如图2.6(a)所示。

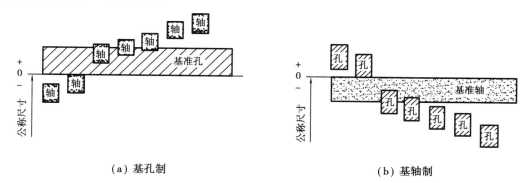

（a）基孔制　　　　　　　　　　　　（b）基轴制

图2.6　基准制

在基孔制中,孔是基准件,称为基准孔,基准孔的基本偏差为下极限偏差,数值规定为零,其代号为 H。

2）基轴制

基轴制是基本偏差为一定的轴的公差带,与不同的基本偏差的孔的公差带形成各种配合的一种制度,如图2.6(b)所示。

在基轴制中,轴是基准件,称为基准轴,基准轴的基本偏差为上极限偏差,数值也规定为零,其代号为 h。

例2.3　确定 $\phi25\text{H7}/\text{f6}$、$\phi25\text{F7}/\text{h6}$ 孔轴的极限偏差,并计算极限间隙。

解　1）查表计算孔、轴的极限偏差

标准公差从表1.4查得

IT6 = 13 μm,IT7 = 21 μm

轴 f6 的基本偏差由表1.5查得

$$es = -20 \text{ μm}$$

另一极限偏差为

$$ei = es - IT6 = -20 \text{ μm} - 13 \text{ μm} = -33 \text{ μm}$$

基准孔 H7 的下极限偏差:

$$EI = 0$$

基准孔 H7 的上极限偏差:

$$ES = EI + IT7 = 0 + 21 \text{ μm} = 21 \text{ μm}$$

孔 F7 的基本偏差查表1.6查得

$$EI = +20 \text{ μm}$$

另一极限偏差为

$$ES = EI + IT7 = 20 \text{ μm} + 21 \text{ μm} = +41 \text{ μm}$$

基准轴 h6 的上极限偏差：

$$es = 0$$

基准轴 h6 的下极限偏差：

$$ei = es - IT6 = 0 - 13 \ \mu m = -13 \ \mu m$$

由此得到

$$\phi 25H7 \left(^{+0.021}_{0} \right) \qquad \phi 25f6 \left(^{-0.020}_{-0.033} \right)$$

$$\phi 25F7 \left(^{+0.041}_{+0.020} \right) \qquad \phi 25h6 \left(^{0}_{-0.013} \right)$$

2）计算配合的极限间隙

$\phi 25H7/f6$：

$$X_{\max} = ES - ei = 21 \ \mu m - (-33) \mu m = +54 \ \mu m$$

$$X_{\min} = EI - es = 0 - (-20) \mu m = +20 \ \mu m$$

$\phi 25F7/h6$：

$$X_{\max} = ES - ei = 41 \ \mu m - (-13) \mu m = +54 \ \mu m$$

$$X_{\min} = EI - es = 20 \ \mu m - 0 = +20 \ \mu m$$

公差带图如图 2.7（a）所示。由此可知，$\phi 25H7/f6$ 与 $\phi 25F7/h6$ 属同名配合，其配合性质相同。

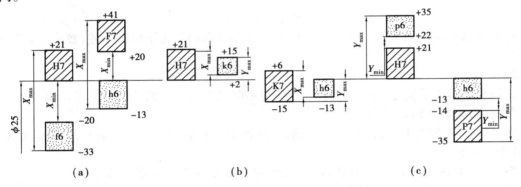

（a） （b） （c）

图 2.7

例 2.4 确定 $\phi 25H7/k6$ 与 $\phi 25K7/h6$ 孔、轴的极限偏差，并计算极限间隙或极限过盈。

解 1）查表计算孔、轴的极限偏差

标准公差从表 1.4 查得

$$IT7 = 21 \ \mu m, IT6 = 13 \ \mu m$$

轴 k6 的基本偏差查表 1.5 得

$$ei = +2 \ \mu m$$

另一极限偏差为

$$es = ei + IT6 = +2 \ \mu m + 13 \ \mu m = +15 \ \mu m$$

基准孔 H7 的下极限偏差为

$$EI = 0$$

基准孔 H7 的上极限偏差为

$$ES = EI + IT7 = 0 + 21 \ \mu m = 21 \ \mu m$$

孔 K7 的基本偏差查表 1.6 得

$$ES = -2 + \Delta = -2 \ \mu m + 8 \ \mu m = +6 \ \mu m$$

另一极限偏差为

$$EI = ES - IT7 = +6 \ \mu m - 21 \ \mu m = -15 \ \mu m$$

基准轴h6的上极限偏差：

$$es = 0$$

基准轴h6的下极限偏差：

$$ei = es - IT6 = 0 - 13 \ \mu m = -13 \ \mu m$$

由此得到

$$\phi 25H7 \left({}^{+0.021}_{\ \ 0} \right) \qquad \phi 25k6 \left({}^{+0.015}_{+0.002} \right)$$
$$\phi 25K7 \left({}^{+0.006}_{-0.015} \right) \qquad \phi 25h6 \left({}^{\ \ 0}_{-0.013} \right)$$

2）计算配合的极限间隙或过盈

$\phi 25H7/k6$：

$$X_{\max} = ES - ei = 21 \ \mu m - 2 \ \mu m = +19 \ \mu m$$
$$Y_{\max} = EI - es = 0 - 15 \ \mu m = -15 \ \mu m$$

$\phi 25K7/h6$：

$$X_{\max} = ES - ei = 6 \ \mu m - (-13) \mu m = +19 \ \mu m$$
$$Y_{\max} = EI - es = -15 \ \mu m - 0 = -15 \ \mu m$$

公差带图如图2.7(b)所示。由此可知，基孔制与基轴制同名配合在孔轴公差等级对应相等的情况下，其配合性质相同。

例2.5　确定$\phi 25H7/p6$与$\phi 25P7/h6$孔、轴的极限偏差，并计算极限过盈。

解　1）查表计算孔、轴的极限偏差

标准公差从表1.4查得

$$IT7 = 21 \ \mu m, IT6 = 13 \ \mu m$$

轴p6的基本偏差查表1.5得

$$ei = +22 \ \mu m$$

另一极限偏差为

$$es = ei + IT6 = 22 \ \mu m + 13 \ \mu m = +35 \ \mu m$$

基准孔H7的下极限偏差：

$$EI = 0$$

基准孔H7的上极限偏差：

$$ES = 21 \ \mu m$$

孔P7的基本偏差从表1.6查得

$$ES = -22 + \Delta = -22 \ \mu m + 8 \ \mu m = -14 \ \mu m$$
$$EI = ES - IT7 = -14 \ \mu m - 21 \ \mu m = -35 \ \mu m$$

基准轴h6的上极限偏差：

$$es = 0$$

基准轴h6的下极限偏差：

$$ei = -13 \ \mu m$$

由此可得

$$\phi25\text{H7}\left({}^{+0.021}_{\ \ 0}\right) \qquad \phi25\text{p6}\left({}^{+0.035}_{+0.022}\right)$$

$$\phi25\text{P7}\left({}^{-0.014}_{-0.035}\right) \qquad \phi25\text{h6}\left({}^{\ \ 0}_{-0.013}\right)$$

2）计算配合的极限过盈

$\phi25\text{H7/p6}$：

$$Y_{\max} = \text{EI} - \text{es} = 0 - 35\ \mu\text{m} = -35\ \mu\text{m}$$

$$Y_{\min} = \text{ES} - \text{ei} = 21\ \mu\text{m} - 22\ \mu\text{m} = -1\ \mu\text{m}$$

$\phi25\text{P7/h6}$：

$$Y_{\max} = \text{EI} - \text{es} = -35\ \mu\text{m} - 0 = -35\ \mu\text{m}$$

$$Y_{\min} = \text{ES} - \text{ei} = -14\ \mu\text{m} - (-13)\mu\text{m} = -1\ \mu\text{m}$$

公差带图如图 2.7（c）所示。由此可知，$\phi25\text{H7/p6}$ 与 $\phi25\text{P7/h6}$ 属同名配合，孔轴公差等级对应相等，其配合性质相同。

2.3.2　一般、常用及优先选用的公差带与配合

按照公差与配合标准中提供的标准公差和基本偏差，可将任一基本偏差与任一公差等级的标准公差组合，从而得到大量不同大小和位置的公差带。在公称尺寸不大于 500 mm 范围内，孔公差带可有 543 个，轴公差带有 544 个。为了在满足生产需要的前提下，减少公差与配合种类，以利互换，并使加工孔的定值刀具、量具规格不致过多，根据工业产品生产使用的需要，国家标准对轴提出了如图 2.8 所示的一般用途公差带 119 种，其中，常用公差带（方框中）59 种，优先选用公差带（圆圈中）13 种。对孔提出了如图 2.9 所示的一般用途公差带 105 种，其中，常用公差带（方框中）44 种，优先选用公差带（圆圈中）13 种。

在上述推荐的轴、孔公差带的基础上，国家标准还推荐了轴、孔公差带的组合。对基孔制，规定有 59 种常用配合；对基轴制，规定有 47 种常用配合。在此基础上，又从中选取 13 种优先配合，见表 2.1、表 2.2。

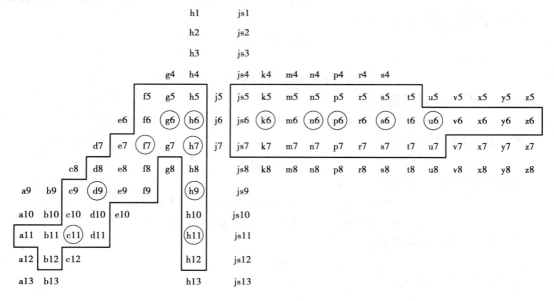

图 2.8　一般、常用、优先轴公差带

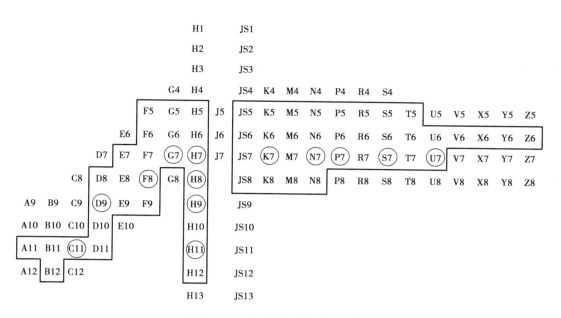

图 2.9　一般、常用、优先孔公差带

表 2.1　基孔制优先、常用配合

基准孔	轴																				
	a	b	c	d	e	f	g	h	js	k	m	n	p	r	s	T	u	v	x	y	z
	间隙配合								过渡配合			过盈配合									
H6						$\frac{H6}{f5}$	$\frac{H6}{g5}$	$\frac{H6}{h5}$	$\frac{H6}{is5}$	$\frac{H6}{k5}$	$\frac{H6}{m5}$	$\frac{H6}{n5}$	$\frac{H6}{p5}$	$\frac{H6}{r5}$	$\frac{H6}{s5}$	$\frac{H6}{t5}$					
H7						$\frac{H7}{f6}$	▼ $\frac{H7}{g6}$	▼ $\frac{H7}{h6}$	$\frac{H7}{js6}$	▼ $\frac{H7}{k6}$	$\frac{H7}{m6}$	▼ $\frac{H7}{n6}$	▼ $\frac{H7}{p6}$	$\frac{H7}{r6}$	▼ $\frac{H7}{s6}$	$\frac{H7}{t6}$	▼ $\frac{H7}{u6}$	$\frac{H7}{v6}$	$\frac{H7}{x6}$	$\frac{H7}{y6}$	$\frac{H7}{z6}$
H8					$\frac{H8}{e7}$	▼ $\frac{H8}{f7}$	$\frac{H8}{g7}$	▼ $\frac{H8}{h7}$	$\frac{H8}{js7}$	$\frac{H8}{k7}$	$\frac{H8}{m7}$	$\frac{H8}{n7}$	$\frac{H8}{p7}$	$\frac{H8}{r7}$	$\frac{H8}{s7}$	$\frac{H8}{t7}$	$\frac{H8}{u7}$				
				$\frac{H8}{d8}$	$\frac{H8}{e8}$	$\frac{H8}{f8}$		$\frac{H8}{h8}$													
H9			$\frac{H9}{c9}$	▼ $\frac{H9}{d9}$	$\frac{H9}{e9}$	$\frac{H9}{f9}$		▼ $\frac{H9}{h9}$													
H10			$\frac{H10}{c10}$	$\frac{H10}{d10}$				$\frac{H10}{h10}$													
H11	$\frac{H11}{a11}$	$\frac{H11}{b11}$	▼ $\frac{H11}{c11}$	$\frac{H11}{d11}$				▼ $\frac{H11}{h11}$													
H12		$\frac{H12}{b12}$						$\frac{H12}{h12}$													

注:1. H6/n5、H7P6 在公称尺寸小于或等于 3 mm 和 H8/r7 在公称尺寸小于或等于 100 mm 时,为过渡配合。

2. 标注▼号的配合为优先配合。

表 2.2　基轴制优先、常用配合

基准孔	孔																				
	A	B	C	D	E	F	G	H	JS	K	M	N	P	R	S	T	U	V	X	Y	Z
	间隙配合								过渡配合			过盈配合									
H6						F6/h5	G6/h5	H6/h5	JS6/h5	K6/h5	M6/h5	N6/h5	P6/h5	R6/h5	S6/h5	T6/h5					
H7						F7/h6	▽G7/h6	▽H7/h6	JS7/h6	▽K7/h6	M7/h6	▽N7/h6	▽P7/h6	R7/h6	▽S7/h6	T7/h6	▽U7/h6	V7/h6	X7/h6	Y7/h6	Z7/h6
H8					E8/h7	▽F8/h7		▽H8/h7	JS8/h7	K8/h7	M8/h7	N8/h7									
				D8/h8	E8/h8	F8/h8		H8/h8													
H9				▽D9/h9	E9/h9	F9/h9		▽H9/h9													
H10				D10/h10				H10/h10													
H11	A11/h11	B11/h11	C11/h11	D11/h11				H11/h11													
H12		B12/h12						H12/h12													

注:标注▽号的配合为优先配合。

2.3.3　公差与配合的应用

公差制是伴随互换性生产而产生和发展的。公差与配合标准是实现互换性生产的重要基础。合理地选用公差与配合,不但能促进互换性生产,而且有利于提高产品质量,降低生产成本。

在设计工作中,公差与配合的选用主要包括基准制、公差等级与配合种类的选择。

(1)基准制的选择

基准制的选择应考虑结构、工艺、经济性等方面。

1)优先选用基孔制

在常用尺寸范围内(不大于 500 mm),一般情况下,应优先选用基孔制,这是因为同一公差等级的孔比轴加工和测量都要困难些(高精度更加明显),所用定尺寸刀具和量具也多些。例如,加工不同尺寸的轴,可采用同一车刀或砂轮,而加工中等精度中小尺寸的孔,却需要扩孔钻、铰刀、拉刀等,测量则要用专用量规。基孔制孔的公差带位置只有一种,故采用基孔制可减少孔加工及测量的专用刀具和量具的数量,既经济又合理。

2)采用基轴制的场合

①当所用配合的公差等级要求不高时(一般不小于 IT8),如轴直接采用冷拉棒料(一般尺寸不太大)则不需进行机械加工,采用基轴制较为经济合理。

②在有些情况下,由于结构要求,如当同一公称尺寸的轴上有两种以上的不同配合,此时宜采用基轴制。如图 2.10 所示,活塞销 1 与活塞 2 及连杆 3 的配合,该结构的两端为过渡配合,而中间则为间隙配合。若采用基孔制,则活塞销直径需制成直径两端大中间小的阶梯形状;如采用基轴制,则可制成同一直径的光滑轴,便于加工和装配。

③当轴为标准件时,也应采用基轴制。如滚动轴承为标准件,其外圈与壳体孔配合,就必须采用基轴制。若要获得不同配合性质,只需改变与它相配的孔的极限尺寸。

3)混合配合的应用

在某些情况下,为了满足配合的特殊需要,允许采用混合配合。所谓混合配合,就是孔和轴都不是基准件,如 M7/f7、K8/d8 等,配合代号中没有 H 或 h。混合配合一般用于同一孔(或轴)与几个轴(或孔)组成的配合,各配合性质要求不同,而孔(或轴)又需按基轴制(或基孔制)的某种配合制造,此时孔(或轴)与其他轴(或孔)组成配合时就要选用混合配合。如图 2.11 所示,与滚动轴承相配的机座孔必须采用基轴制,而端盖与机座孔的配合,由于要求经常拆卸,配合性质需松些,设计时选用最小间隙为零的间隙配合。为避免机座孔制成阶梯形,采用混合配合 ϕ80M7/f 7,其公差带位置如图 2.11(b)所示。

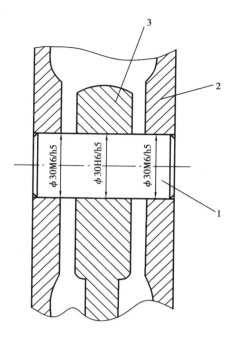

图 2.10　基轴制选择示例
1—活塞销;2—活塞;3—连杆

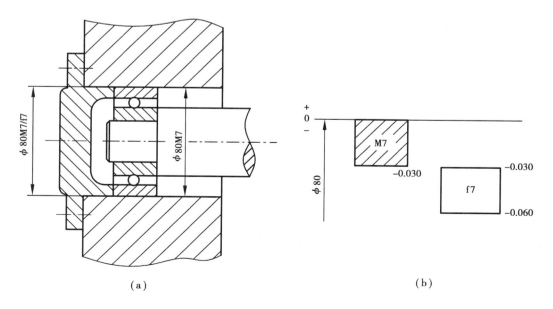

（a）　　　　　　　　　　　　　　（b）

图 2.11　混合配合应用示例 1

再如图 2.12 所示,与滚动轴承相配的轴,必须采用基孔制,如轴用 k6,而隔离套的作用只是隔开两滚动轴承,为使装拆方便,需用间隙配合,且公差等级也可降低,于是采用了混合配合 ϕ60F9/k6,其公差带位置如图 2.12(b)所示。

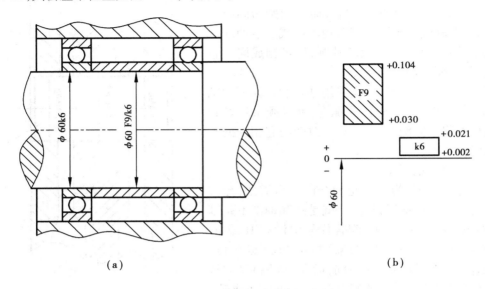

(a) (b)

图 2.12 混合配合应用示例 2

有时,为了得到很大的间隙以补偿热膨胀对配合的影响,或者工件加工后还需进行电镀也常采用混合配合。

(2)公差等级的选择

公差等级选择的原则是在满足使用要求的前提下,尽量选用低公差等级,以利于加工和降低成本。

实践证明,公差等级与制造成本的关系如图 2.13 所示。由图 2.13 可知,制造公差小时,

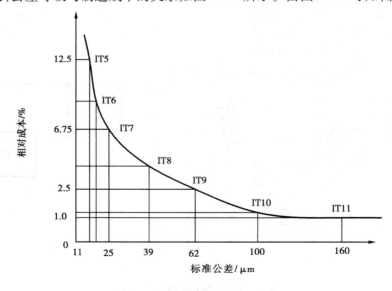

图 2.13 公差等级与制造成本的关系

随公差等级提高,其成本增加迅速,例如,IT5 的制造成本是 IT9 的 5 倍。因此,在选用高公差等级时要特别慎重;但在低精度时,随公差等级提高,制造成本变化不大。

国家标准规定有 20 个公差等级,其中,IT7—IT01 一般用于量块和量规公差;IT12—IT3 用于配合尺寸;IT18—IT12 用于非配合尺寸及不重要的粗糙联接(包括未注公差的尺寸公差)。各级公差等级应用情况举例见表2.3。

表2.3 公差等级及应用举例

公差等级	应用范围	应用举例
IT1—IT01	量块或量规公差	用于精密的尺寸传递基准,高精密测量工具,极个别特别重要的精密配合尺寸。如量规或其他精密尺寸标准块公差;校对 IT7—IT6 级轴用量规的校对量规尺寸公差;个别特别重要的精密机械零件尺寸公差
IT7—IT2		用于 IT16—IT6 级工件用的量规的尺寸公差及形状公差,或相应尺寸标准块规的公差
IT5—IT3	配合尺寸	用于高精度和重要配合处。如精密机床主轴颈与高精度滚动轴承的配合;车床尾架座体孔与顶尖套筒的配合;活塞销与活塞销孔的配合
IT6 (孔至IT7)		用于要求精密配合处,在机械制造中广泛应用。如机床中一般传动轴与轴承配合,齿轮、皮带轮与轴的配合;精密仪器、光学仪器中精密轴的孔;电子计算机中外围设备中的重要尺寸;手表、缝纫机重要的轴
IT8—IT7		用于精度要求一般的场合,在机械制造中属于中等精度。如一般机械中速度不高的皮带轮;重型机械、农业机械中的重要配合处;精密仪器、光学仪器精密配合的孔;手表中离合杆压簧,缝纫机重要配合的孔
IT10—IT9		用于只有一般要求的圆柱件配合。如机床制造中轴套外径与孔的配合;操纵系统的轴与轴承的配合;空转皮带轮与轴的配合;光学仪器中的一般配合;发动机中机油泵体内孔;键宽与键槽宽的配合;手表中要求一般或较高的未注公差尺寸;纺织机械中的一般配合零件
IT12—IT11		用于不重要配合处。如机床中法兰盘止口与孔;滑块与滑移齿轮凹槽;钟表中不重要的工件;手表制造中用的工具及设备中的未注公差尺寸;纺织机械中粗糙活动配合
IT18—IT12	非配合尺寸	用于非配合尺寸及不重要的粗糙联接的尺寸公差(包括未注公差的尺寸);工序间尺寸等

选择公差等级时要注意,对公称尺寸不大于 500 mm 的配合,当公差值不大于 IT8 时,由于孔加工一般比较难,故推荐选用孔的公差等级比轴低一级,如 H7/f6;对精度较低(大于 IT8)或公称尺寸大于 500 mm 的配合,多采用孔轴同级配合。此外,公差等级的选择,既要满足设计要求,也要考虑到工艺的可能性及经济性。各种加工方法的合理加工精度见表2.4。

表 2.4　各种加工方法的合理加工精度

加工方法	公差等级（IT）																	
	01	0	1	2	3	4	5	6	7	8	9	10	11	12	13	14	15	16
研磨	━	━	━	━	━	━	━											
珩						━	━	━	━									
圆磨							━	━	━	━								
平磨							━	━	━	━								
金刚石车							━	━	━									
金刚石镗							━	━	━									
拉削							━	━	━									
铰孔								━	━	━	━							
车									━	━	━	━	━					
镗									━	━	━	━	━					
铣										━	━	━	━					
刨、插												━	━					
钻孔												━	━	━				
滚压、挤压												━	━					
冲压												━	━	━	━	━		
压铸													━	━	━	━		
粉末冶金成型								━	━	━								
粉末冶金烧结								━	━	━	━							
砂型铸造气割																		
锻造																		

（3）配合的选择

正确选择配合对保证机器正常工作、延长使用寿命和降低造价都起着重要作用,故需考虑多种因素进行综合分析。

首先应根据使用要求,尽可能选用优先配合和常用配合;不能满足要求时,可选用标准推荐的一般用途的孔、轴公差带,组成所需要的配合;若仍不能满足要求,还可从国家标准所提供的 544 种轴公差带和 543 种孔公差带中选取合用的公差带,组成需要的配合。

确定了基准制以后,就可根据使用要求确定与基准件相配的孔或轴的基本偏差代号,进而按照配合精度要求确定基准件和非基准件的公差等级。对间隙配合,由于非基准件基本偏差的绝对值等于最小间隙,故可按最小间隙确定非基准件的基本偏差代号;对过渡、过盈配合,在确定孔、轴公差等级之后,即可按最大间隙或最小过盈选定非基准件的基本偏差代号。表 2.5 列出了轴的基本偏差应用场合,可供设计时参考。

表2.5　轴的基本偏差选用说明

配合	基本偏差	特性及应用
间隙配合	a、b	可得到特别大的间隙,应用很少
	c	可得到很大的间隙,一般用于缓慢、松弛的动配合。用于工作条件较差(如农业机械),受力变形,或为了便于装配,而必须保证有较大间隙的配合。推荐配合为H11/c11,其较高等级的H8/c7配合,适用于轴在高温工作的紧密动配合,如内燃机排气阀和导管
	d	一般用于IT11—IT7级,适用于松的转动配合,如密封盖、滑轮、空转皮带轮等与轴的配合,也适用于大直径滑动轴承配合,如透平机、球磨机、轧滚成形和重型弯曲机,以及其他重型机械中的一些滑动轴承
	e	多用于IT7、IT8、IT9级,具有明显的间隙,用于大跨距及多支点的转轴与轴的配合,以及高速重载的大尺寸轴与轴承的配合,如大型电机、内燃机的主要轴承处的配合H8/e7
	f	多用于IT6、IT7、IT8级的一般转动配合。当温度影响不大时,广泛用于普通润滑油(或润滑脂)润滑的支承,如齿轮箱、小电动机、泵等的转轴与滑动轴承的配合
	g	配合间隙很小,制造成本高,除很轻负荷的精密装置外,不推荐用于转动配合。多用于IT5、IT6、IT7级,最适合不回转的精密滑动配合,也用于插销等定位配合,如精密连杆轴承、活塞及滑阀、连杆销等
	h	多用于IT11—IT4级。广泛用于无相对转动的零件,作为一般的定位配合。若没有温度、变形影响,也用于精密滑动配合
过渡配合	js	偏差完全对称(±IT/2),平均间隙较小的配合,多用于IT7—IT4级,要求间隙比h轴小,并允许略有过盈的定位配合,如联轴节、齿圈与钢制轮毂,可用木锤装配
	k	平均间隙接近于零的配合,适用于IT7—IT4级,推荐用于稍有过盈的定位配合,如为了消除振动用的定位配合,一般用木锤装配
	m	平均过盈较小的配合,适用于IT7—IT4级,一般可用木锤装配,但在最大过盈时,要求相当的压入力
	n	平均过盈比m轴稍大,很少得到间隙,适用于IT7—IT4级,用锤或压入机装配,通常推荐用于紧密的组件配合,H6/n5配合时为过盈配合
过盈配合	p	与H6或H7配合时是过盈配合,与H8孔配合时则为过渡配合;对非铁类零件,为较轻的压入配合,当需要时易于拆卸;对钢、铸铁或铜、钢组件装配是标准压入配合
	r	对铁类零件为中等打入配合,对非铁类零件,为轻打入的配合,当需要时可以拆卸。与H8孔配合,直径在100 mm以上时为过盈配合,直径小时为过渡配合

续表

配 合	基本偏差	特性及应用
过盈配合	s	用于钢和铁制零件的永久性和半永久性装配,可产生相当大的结合力。当用弹性材料,如轻合金时,配合性质与铁类零件的 p 轴相当。如套环压装在轴上,阀座等的配合。尺寸较大时,为了避免损伤配合表面,需用热胀或冷缩法装配
	t	过盈较大的配合。对钢和铸铁零件适于作永久性结合,不用键可传递力矩,需用热胀或冷缩法装配,如联轴节与轴的配合
	u	这种配合过盈大,一般应验算在最大过盈时,工件材料是否损坏,要用热胀或冷缩法装配。如火车轮毂与轴的配合
	v、x、y、z	这些基本偏差所组成配合的过盈量更大,目前使用的经验和资料还很少,须经试验后才应用,一般不推荐

配合的选择通常有类比法、计算法和试验法 3 种。

1)类比法

类比法是生产实际中广泛应用的一种方法。要正确掌握这种方法,必须充分研究结合件的工作条件及使用要求,了解各类配合的性质和特征,熟悉一些典型的、被应用验证过的配合实例。

①充分研究结合件的工作条件和使用要求。

一般需考虑的问题如下:

A.结合件相对运动情况

结合件有相对运动,只能选用间隙配合;如无相对运动,可选用过盈配合(需传递大扭矩)、过渡配合(要求对中性好,可拆卸;若需传递扭矩时,则要加键、销等固定件)或间隙较小的间隙配合(需加键、销等固定件)。结合件相对运动的速度大时,配合的间隙需大些;速度小时,选用的间隙可小些。

此外,还应考虑结合件相对运动的方向、停歇时间、运动精度等。

B.结合件承受负荷情况

结合件承受负荷的大小以及是否有冲击和振动,是选择配合应考虑的因素。一般说来,单位压力大,则间隙要小;在过盈配合中,传力大的,过盈要大;有冲击振动时,过盈也要大些。

C.结合件的定心要求和装拆情况

结合件定心精度要求高时,选用过渡配合,由于小间隙配合也可保证定心精度,故在要求定心精度较高且需装拆或有相对运动之处,可用公差等级高的小间隙(基本偏差 g 或 h 形成的)配合。

上述配合的选择,要视结合件在工作过程中有无相对运动及装拆频繁程度而确定采用哪一种。有相对运动时,采用 g 或 h 组成的配合;无相对运动装拆频繁时,所选配合的间隙要大些或过盈要小些,一般用 g、h 或 j、js 组成的配合;基本不拆时,用 k、m 或 n 组成的配合(有时也用轻型过盈配合,即 p、r 组成的配合)。

大间隙配合不能保证孔轴的对中性要求,过盈较大的过盈配合,因加工时会产生形状误差及工件材质不均匀等因素,也不能保证定心精度。

D. 结合件工作温度情况

图样上标注的极限偏差及配合，是对标准温度 20 ℃而言，若是孔、轴温度相差较大，或其线胀系数相差较大时，应考虑热变形的影响，这对于在高温或低温下工作的机械，尤其重要。如发动机上的汽缸与活塞配合，它们的工作温度与装配温度相差较大，致使工作间隙与装配间隙有较大差异，这在选择配合时必须予以考虑。

此外，还应对结合件材料的机械性能、配合长度大小、结合件的几何误差、配合面的表面粗糙度、配合后产生的应力等多种因素进行分析研究，以全面准确地掌握结合件的工作条件和使用要求，作为选择配合的依据。

工作条件和使用要求与配合的间隙或过盈的变化关系，可参考表 2.6。

表 2.6　工作情况对过盈或间隙的影响

具体工作情况	过盈应增大或减小	间隙应增大或减小
材料许用应力小	减小	—
经常拆卸	减小	—
有冲击负荷	增大	减小
工作时，孔温高于轴温	增大	减小
工作时，孔温低于轴温	减小	增大
配合长度较大	减小	增大
配合面几何误差较大	减小	增大
装配时可能歪斜	减小	增大
旋转速度高	增大	增大
有轴向运动	—	增大
润滑油黏度增大	—	增大
装配精度高	减小	减小
表面粗糙度低	增大	减小

②了解各类配合的特征和应用

A. 间隙配合的特征是具有间隙

间隙配合主要用于结合件有相对运动的场合（包括旋转运动和轴向滑动），也可用于一般的定心配合。间隙配合共 11 种，其适用范围具有各自的特点。如基孔制中，基准孔 H 与基本偏差为 a、b、c 的轴公差带组成的配合，主要用于大间隙和热动配合处；与基本偏差 d、e、f 的轴公差带组成的中等间隙配合，用于要求保证良好液体摩擦的旋转运动处；与基本偏差 g、h 的轴公差带组成的小间隙配合（其中与 h 组成的配合，最小间隙为零），主要用于滑动或半液体摩擦配合，也用于定位配合处；与基本偏差 cd、ef、fg 的轴公差带组成的配合，主要用于尺寸较小（不大于 18 mm）的旋转运动处。

B. 过盈配合的特征是具有过盈

过盈配合只能用于没有相对运动的配合处，通常依靠过盈量传递力和扭矩。过盈配合用于小尺寸、中等尺寸和大尺寸范围时，各具有不同的特性。小尺寸配合在钟表、仪表、仪器制造中广泛应用,组成过盈配合的工件用特殊的材料如黄铜、宝石等制成,用专门的工艺方法如冲孔、挤孔等加工。中等尺寸(大于 3 ~ 500 mm)在机械制造中广泛应用,工件用材广泛,以一般工艺方法加工。大尺寸(大于 500 ~ 10 000 mm)常在重型与化工机械制造中采用,有的工件材料用耐热合金钢或高强度铸铁。故选择过盈配合时,要按照配合的联接强度确定最小过盈,按照结合件材料强度确定最大过盈,其中材料的特性是选择配合的一个重要因素。

C. 过渡配合的特性是精度较高

过渡配合可能具有较小的间隙,也可能具有较小的过盈,它主要用于可拆的不动配合。过渡配合基本要求是保证相互结合的孔、轴间有很好的定心精度,且易于装拆。定心精度将影响机器与机构传动链的运动精度,影响机器运动部分的稳定性,因此对于要求定心且易装拆的场合,往往宜采用过渡配合。为避免过盈或间隙过大,过渡配合的配合公差都较小,即组成这类配合的孔、轴公差等级都较高。

在满足使用要求的前提下,应尽量选用各类优先配合。优先配合的应用说明见表 2.7。

表 2.7 优先配合选用说明

优先配合		说　明
基孔制	基轴制	
$\dfrac{H11}{c11}$	$\dfrac{C11}{h11}$	间隙非常大,用于很松的、转动很慢的动配合,要求大公差与大间隙的外露组件,以及要求装配方便的很松的配合,相当于旧国家标准 D6/dd6
$\dfrac{H9}{d9}$	$\dfrac{D9}{h9}$	间隙很大的自由转动配合,用于精度非主要要求时,或有大的温度变化、高转速或大的轴颈压力时,相当于旧国家标准 D4/de4
$\dfrac{H8}{f7}$	$\dfrac{F8}{h7}$	间隙不大的转动配合,用于中等转速与中等轴颈压力的精确转动;也用于装配较易的中等定位配合,相当于旧国家标准 D/dc
$\dfrac{H7}{h6}$　$\dfrac{H8}{h7}$　$\dfrac{H9}{h9}$　$\dfrac{H11}{h11}$	$\dfrac{H7}{h6}$　$\dfrac{H8}{h7}$　$\dfrac{H9}{h9}$　$\dfrac{H11}{h11}$	均为间隙定位配合,零件可自由装拆,而工作时一般相对静止不动。在最大实体条件下的间隙为零,在最小实体条件下的间隙由公差等级决定。H7/h6 相当于 D/d;H8/h7 相当于 D3/d3;H9/h9 相当于 D4/d4;H11/h11 相当于 D6/d6
$\dfrac{H7}{k6}$	$\dfrac{K7}{h6}$	过渡配合,用于精密定位,相当于旧国家标准 D/gc
$\dfrac{H7}{n6}$	$\dfrac{N7}{h6}$	过渡配合,允许有较大过盈的精密定位,相当于旧国家标准 D/ga
$\dfrac{H7}{p6}$	$\dfrac{P7}{h6}$	过盈定位配合,即小过盈配合,用于定位精度特别重要时,能以最好的定位精度达到部件的刚性及对中的性能要求,而对内孔承受压力无特殊要求,不依靠配合的紧固性传递摩擦负荷。H7/p6 相当于旧国家标准 D/ge—D/jf
$\dfrac{H7}{s6}$	$\dfrac{S7}{h6}$	中等压入配合,适用于一般钢件;或用于薄壁件的冷缩配合,用于铸铁件可得到最紧的配合,相当于旧国家标准 D/je
$\dfrac{H7}{u6}$	$\dfrac{U7}{h6}$	压入配合,适用于可以受高压力的零件或不宜承受大压入力的冷缩配合

2)计算法

计算法是根据一定的理论和公式,计算出所需的间隙或过盈,对间隙配合中的滑动轴承,可用流体润滑理论来计算,保证滑动轴承处于液体摩擦状态所需的间隙,根据计算结果,选择合适的配合;对于过盈配合,可按弹性变形理论,计算出必需的最小过盈,选择合适的过盈配合,并按此验算最大过盈时是否会使工件材料损坏。由于影响配合间隙量和过盈量的因素很多,理论的计算也是近似的,因此,在实际应用时,还需经过试验来确定。

3)试验法

对于与产品性能关系很大的一些配合,可采用试验法来确定其最佳间隙或过盈。例如,采矿和土木建筑中应用很广的风镐,其锤体与镐筒配合的间隙量,对风镐工作性能影响很大,通常采用试验法较为可靠。由于这种方法需作大量试验,成本较高,故一般仅用于大量生产。

(4)公差配合选择综合举例

例 2.6   铝制活塞与钢制缸体的结合。公称尺寸 $\phi150$ mm,若缸体工作温度 $t_h = 110\ ℃$,活塞工作温度 $t_s = 180\ ℃$,线膨胀系数缸体 $\alpha_h = 12 \times 10^{-6}/℃$,活塞 $\alpha_s = 24 \times 10^{-6}/℃$,要求工作间隙为 $0.1 \sim 0.3$ mm。试选择配合。

解   由热变形引起的间隙变化量为

$$\Delta X = d(\alpha_h \Delta t_h - \alpha_s \Delta t_s)$$
$$= 150\ mm \times [12 \times 10^{-6} \times (110 - 20) - 24 \times 10^{-6} \times (180 - 20)]$$
$$= -0.414\ mm$$

即工作间隙减小,故装配间隙应为

$$X_{min} = 0.1\ mm + 0.414\ mm = +0.514\ mm = 514\ \mu m$$
$$X_{max} = 0.3\ mm + 0.414\ mm = +0.714\ mm = 714\ \mu m$$

按此极限间隙选择配合:

1)确定基准制

选用基孔制。

2)确定配合种类

按最小间隙 $X_{min} = 514$ 查表 1.5,选基本偏差 a,即

$$es = -520\ \mu m$$

3)确定公差等级

配合公差

$$T_f = |X_{max} - X_{min}| = |714 - 514|\ \mu m = 200\ \mu m$$

又因 $T_f = T_h + T_s$,可取

$$T_h = T_s = 100\ \mu m$$

由表 1.4 可取 IT9,故所选配合为 $\phi150H9/a9$。

4)验算(见图 2.14):

$$X_{min} = +520\ \mu m > X_{min} = +514\ \mu m$$
$$X_{max} = +100\ \mu m - (-620)\ \mu m = +720\ \mu m$$

$720\ \mu m$ 与 $X_{max} = +714\ \mu m$ 接近。故所选的配合 $\phi150H9/a9$ 合理。

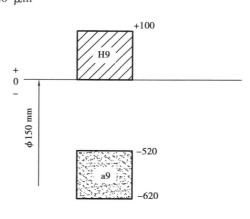

图 2.14

例 2.7　如图 2.15 所示,活塞(铝合金)与汽缸内壁(钢制)工作时作高速往复运动,要求间隙为 0.1～0.2 mm,若活塞与汽缸配合的直径为 $\phi 135$ mm,汽缸工作温度 $t_h = 110$ ℃,活塞工作温度 $t_s = 180$ ℃,汽缸和活塞材料的线膨胀系数分别为 $\alpha_h = 12 \times 10^{-6}/\mathrm{K}$,$\alpha_s = 24 \times 10^{-6}/\mathrm{K}$。试确定活塞与汽缸孔的尺寸偏差。

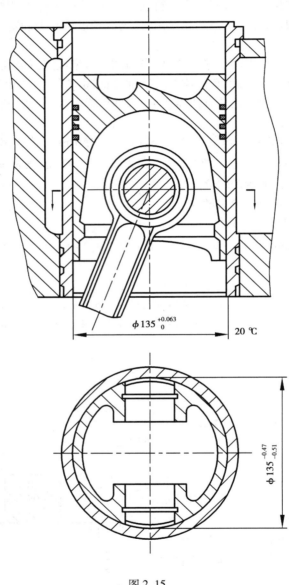

图 2.15

解　1)确定基准制

因为一般情况,可选用基孔制。

2)确定孔、轴公差等级

由于

$$T_f = |X_{max} - X_{min}| = (0.2 - 0.1)\,\mathrm{mm} = 100\ \mu\mathrm{m}$$

又

$$T_f = T_D + T_d = 100 \ \mu m$$

查表 1.4 与计算的相近值为：

孔：

$$IT8 = 63 \ \mu m$$

轴：

$$IT7 = 40 \ \mu m$$

则 $IT8 = 63 \ \mu m$　　　$IT7 = 40 \ \mu m$

（因为题意为$(0.1 \sim 0.2)$ mm，故 $T_D + T_d$ 稍大于 100 μm 是允许的）

故基准孔

$$ES = +63 \ \mu m \qquad EI = 0$$

3）计算热变形所引起的间隙变化量

$$\Delta X = 135 \times [\, 12 \times 10^{-6} \times (110 - 20) \, mm - 24 \times 10^{-6} \times (180 - 20) \, mm\,] = -0.37 \ mm = -370 \ \mu m$$

以上计算结果为负值，说明由于活塞热膨胀系数大于汽缸孔的热膨胀系数，会使工作时的间隙减小 0.37 mm。为了保证使用要求（即要求工作间隙为 $0.1 \sim 0.2$ mm），应在确定轴的极限偏差时，考虑热变形的补偿值。

4）确定非基准件轴的基本偏差

因基准孔

$$ES = +63 \ \mu m \qquad EI = 0$$
$$X_{min} = EI - es = 100 \ \mu m$$

故

$$es = -X_{min} = -100 \ \mu m$$
$$ei = es - IT7 = (-100 - 40) \mu m = -140 \ \mu m$$

为了补偿热变形，在计算的轴的上下极限偏差中加入补偿值 ΔX，即

$$es' = es + \Delta X = (-100 - 370) \mu m = -470 \ \mu m$$
$$ei' = ei + \Delta X = (-140 - 370) \mu m = -510 \ \mu m$$

故汽缸孔的尺寸偏差应为 $\phi 135^{+0.063}_{0}$ mm；活塞的尺寸偏差应为 $\phi 135^{-0.47}_{-0.51}$ mm。

2.4　内孔和泵体中心高测量

前面已经学过配合和基准制的相关知识，请分析图 2.1、图 2.2 中的所需检测部位，如何检测工件的内孔和中心高尺寸误差呢？可以根据表 2.8 的要求，分析选择用什么规格的计量器具，确定测量部位、测量次数、数据处理办法及判断工件是否合格。

表 2.8　零件测量报告

检测项目	图纸要求	计量器具	实测结果					实测结果	结论
			1	2	3	4	5		
内孔	$\phi 20^{+0.21}_{0}$								
	$\phi 48^{+0.039}_{0}$								

续表

检测项目	图纸要求	计量器具	实测结果					实测结果	结论
			1	2	3	4	5		
内孔	2×φ5								
	2×φ9								
中心高	70								
	91								

本项目要求同学们掌握百分表、内径百分表、杠杆百分表、量块的结构及其使用方法,并能正确读数。在使用这些计量器具时,要求正确调整校对计量器具。

2.4.1　通用计量器具测量内孔尺寸

使用普通计量器具测量孔尺寸,是指用游标卡尺、内径百分表等,对公差等级为 6 ～ 18 级,公称尺寸不大于 500 mm 的光滑工件尺寸进行检验。国家标准《光滑工件尺寸的检测》(GB/T 3177—2009)规定了有关验收的方法和要求。

(1)内径百分表测量内孔尺寸

1)百分表结构

百分表是利用机械传动机构,将测头的直线移动转变为指针的旋转运动的一种测量仪,它主要用于装夹工件时的找正和检查工件的形状、位置误差。百分表的分度值为 0.01 mm,测量范围一般有 0 ～ 3 mm、0 ～ 5 mm、0 ～ 10 mm 和 0 ～ 50 mm 这 4 种。

目前,用得最多的是齿轮-齿条传动的百分表和杠杆-齿轮传动的杠杆式百分表。齿轮-齿条传动的百分表的外形和具体结构如图 2.16 所示。

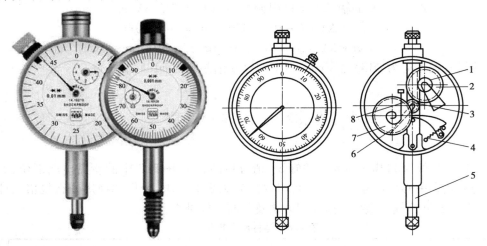

图 2.16　百分表结构
1—小齿轮;2—大齿轮;3—中间齿轮;4—弹簧;5—测量杆;
6—长指针;7—齿轮;8—游丝

2）百分表测量原理

以 $z_1 = 16, z_2 = 100, z_3 = 10$，模数 $m = 0.199$ mm、齿条齿距 $t = \pi m = 0.625$ mm 的齿轮-齿条百分表为例。

测量杆移动 1 mm 时，齿条移过 $1/0.625 = 1.6$ 齿，这时，齿轮 1 转过 $1.6/16 = 1/10$ 圈，齿轮 2 也转过 1/10 圈，即转过 10 个齿，与齿轮 2 啮合的中间齿轮 3 也转过 10 齿，即转过一周，因此，长指针 6 也转了一圈。在长指针的刻度盘上均匀刻有 100 个圆周刻度，长指针转过一个圆周刻度，测量杆 5 移动 $1/100 = 0.01$ mm，即分度值为 0.01 mm，这就是百分表的测量原理。

另外，与中间齿轮 3 啮合的还有齿轮 7，齿轮 7 的轴上固定着短指针，当齿轮 3 转一圈时，齿轮 7 和短指针转了 1/10 圈。若在短指针的刻度盘上均匀地刻上 10 个圆周刻度，则短指针转过一个刻度就表示长指针转了一圈，也就是测量杆移动了 1 mm。

3）杠杆百分表

杠杆百分表又被称为杠杆表或靠表，它是利用杠杆-齿轮传动机构或者杠杆-螺旋传动机构，将尺寸变化为指针角位移，并指示出长度尺寸数值的计量器具，如图 2.17 所示。

图 2.17　杠杆百分表

杠杆百分表的分度值为 0.01 mm，测量范围不大于 1 mm。它的表盘是对称刻度的。

杠杆百分表可用于测量几何误差，也可用于通过比较测量的方法测量实际尺寸，还可以测量小孔、凹槽、孔距、坐标尺寸等，一般应用于百分表难以测量的场所。

在使用时，应注意使测量运动方向与测头中心线垂直，以免产生测量误差。对此表的易磨损件，如齿轮、测头、指针、刻度盘、透明盘等均可按用户修理需要供应。

4）内径百分表

①内径百分表规格与结构

内径百分表是测量内孔的一种常用量仪，其分度值为 0.01 mm，测量范围一般为 6～10、10～18、18～35、35～50、50～160、160～250、250～400 等，单位为 mm。如图 2.18 所示为内径百分表的结构图。

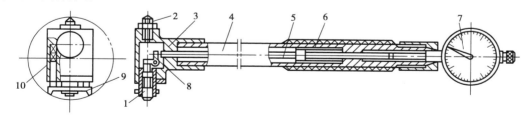

图 2.18　内径百分表
1—活动测头；2—可换测头；3—测头座；4—量杆；5—传动杆；6—弹簧；
7—百分表；8—杠杆；9—定位装置；10—弹簧

②内径百分表的工作原理

在图 2.18 中，百分表 7 的测杆与传动杆 5 始终接触，弹簧 6 控制测量力，并经传动杆 5、杠杆 8 向外侧顶靠在活动测头 1 上。测量时，活动测头 1 的移动使杠杆 8 回转，推动传动杆 5 传至百分表 7 的测杆,使百分表指针偏转显示工件值。为使内径百分表的测量轴线通过被测孔的圆心,内径百分表设有定位装置 9,起找正直径位置的作用,可换测量头 2 和活动测量头 1 的轴线实为定位装置的中垂线,此定位装置保证了可换测量头和活动测量头的轴线位于被测孔的直径位置上,以保证测量的准确性。

5)内孔尺寸的测量步骤

①安装测头:根据图 2.1 零件的被测孔的公称尺寸 φ20,选择 18~35 mm 的可换测头 2 装在测头座 3 上并用螺母固定,使其尺寸比公称尺寸大 0.5 mm(即 20.5 mm)左右(此时可用游标卡尺测量测头 1、2 间的大致距离)。

②安装百分表:按图 2.18 将百分表装入量杆 4 中,并使百分表预压 0.2~0.5 mm,即百分表指针偏转 20~50 小格,拧紧百分表的紧定螺母。

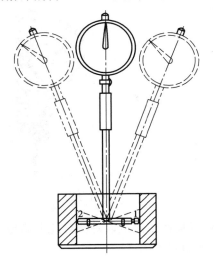

图 2.19　内孔测量

③内径百分表零位调整:将 0~25 mm 的外径千分尺调节至被测孔的公称尺寸 20 mm,并锁紧千分尺,然后把内径百分表测头 1、2 置于千分尺的两测量面间,摆动内径百分表,找到最小值(摆动时,表针转折处),转动表壳,将转折处的百分表指针调到零位。

④读数方法:采用相对法读数,首先观察测量时的百分表上小表针所处的位置是否与在外径千分尺中的位置一致(小指针一格为 1 mm),若一致,公称尺寸为 20 mm;大指针转折处是在零位的左侧还是右侧? 即按顺时针方向是过了零位还是未到零位? 若过了零位,表示比 20 mm 小,反之,比 20 mm 大。如指针过了零位 7 格,即 -0.07,则孔的尺寸为 19.93 mm。

⑤开始测量:如图 2.19 所示,将调整好的内径百分表测头部位插入被测孔内,摆动内径百分表,找到最小值(即指针转折处),记下该位置的内孔的直径尺寸。

⑥在内孔中的不同位置和不同方向进行多次测量,记下直径尺寸。

⑦用分度值大于 0.01 mm 的其他计量器具(如游标卡尺等)再次测量内孔尺寸,对两者结果进行比较,确定内径百分表测量的准确性。

⑧根据测量结果判断被测孔的合格性,作出实训报告。

6)注意事项

①按被测内径尺寸选用可换测头,用标准环规或量块校对好内径百分表的零位。在校对零位和测量内径时,一定要找准正确的直径测量位置。摆动内径百分表,在轴向截面内找最小示值的转折点(摆动内径表,示值由大变小再由小变大)。

②使用内径百分表时,还必须记住测头在自由状态下长指针的示值,以便于观察表面刻度盘有否"走动"。如多次使用内径百分表后发现自由状态下长指针示值变了,则必须用百分尺重校零位,否则,测量结果是不准的。

③将内径百分表伸入和拉出量块组及被测孔时,应将活动测头压靠孔壁,使可换测头与孔壁脱离接触,以减小磨损。对定位装置,在放入和拉出离开时,应用两个手指将其压缩并扶稳,轻轻放入或拉出,以免离开孔口时突然弹开,擦伤定位装置的工作面和被测孔口。

④内径百分表需要在孔中摆动,用旧的内径百分表,其固定量杆、活动量杆的球形测量头

常会被磨平,这时,测量就有误差。因此,使用前先要检查两量杆的球形测量头是否完好。

⑤定位装置和测头、量块及量块夹在使用前要清洗干净,用完后再次清洗擦干,并涂上防锈油,收放在专用的木盒内。被测孔壁在测量前也要轻擦干净,最好是清洗干净。

(2)游标卡尺测量内孔

当被测孔尺寸的精度较低(初学者,一般公差在 0.05 mm 以上)或为一般公差(也称未注尺寸公差)时,采用游标卡尺测量,如图 2.20(a)、(b)所示。

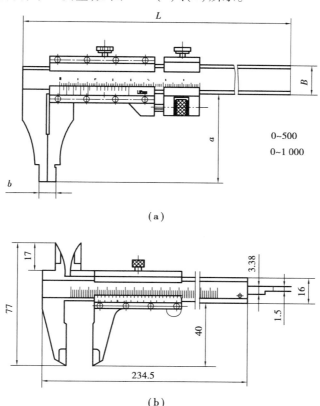

(a)

(b)

图 2.20　游标卡尺

采用 300 mm 及以上规格的游标卡尺,测量内孔尺寸时,按图 2.18(a)游标的下测量脚测量内孔,孔的尺寸为游标尺的示值加上游标脚本身的尺寸;而采用 300 mm 以下的游标卡尺测量内孔时,可用图 2.18(b)游标的上测量脚直接测量。

2.4.2　中心高测量

支架中心高的测量采用相对测量法,即中心高和标准量块进行对比,从而得出零件内孔所在的中心高度。下面先介绍量块。

(1)量块

1)量块的材料、形状

量块是没有刻度的标准量具,量块用特殊合金钢制成,具有线膨胀系数小,不易变形、硬度高、耐磨性好及研合性好等特点,有长方体、圆柱体和角度量块等。如图 2.21 所示为长方体量块,其上有两个平行的测量面,表面光滑平整,两个测量面间具有精确的尺寸,另外还有 4 个非

51

测量面。量块上标出的尺寸为量块的标称长度,为两个测量面间的距离。

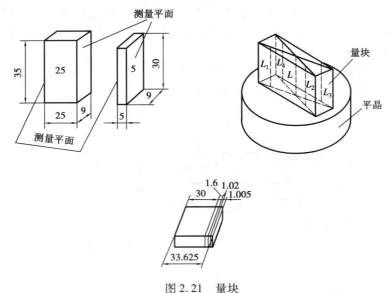

图 2.21　量块

2）量块的精度等级

按照国家标准 GB/T 6093—2001 的规定,量块按制造精度分 5 级:0、1、2、3 和 k 级。其中,0 级最高。

在计量部门,量块按检定精度分 6 等:1、2、3、4、5、6 等,其中,1 等最高。

生产现场使用量块一般按制造等级,即按"级"使用。例如,标称长度为 30 mm 的 0 级量块,其长度偏差为 ±0.000 20 mm,若按"级"使用,不管该量块的实际尺寸如何,均按 30 mm 计,则引起的测量误差就为 ±0.000 20 mm。但是,若该量块经过检定后,确定为 3 等,其实际尺寸为 30.000 12 mm,则测量极限误差为 ±0.000 15 mm。

3）量块的使用

为能用较少的块数组合成所需的尺寸,量块按一定的尺寸系列成套生产,使用时一般要进行组合,表 2.9 列出了两种量块的尺寸系列。在组合使用量块时,为了减小量块组合的累积误差,应尽量减少使用块数,一般不超过 4 块。选用量块,应根据所需尺寸的最后一位数字选择,每选一块至少减少所需尺寸的一位小数。例如,从 83 块组一套的量块中选取尺寸为 28.785 mm 量块时,则可分别选用 1.005 mm、1.28 mm、6.5 mm、20 mm 这 4 块量块。

（2）杠杆百分表

杠杆百分表又被称为杠杆表或靠表,如图 2.22 所示。它是利用杠杆-齿轮传动机构或者杠杆-螺旋传动机构,将尺寸变化为指针角位移,并指示出长度尺寸数值的计量器具。它用于测量工件几何形状误差和相互位置正确性,并可用比较法测量长度,还可以测量小孔、凹槽、孔距、坐标尺寸等。

杠杆百分表目前有正面式、侧面式及端面式 3 种类型。

杠杆百分表的分度值为 0.01 mm,测量范围不大于 1 mm,它的表盘是对称刻度的。

在使用时,应注意使测量运动方向与测头中心线垂直,以免产生测量误差。对此表的易磨损件,如齿轮、测头、指针、刻度盘及透明盘等均可按用户修理需要供应。它适应于一般百分表难以测量的场所。

表 2.9　成套量块的尺寸

总块数	级　别	尺寸系列/mm	间隔/mm	块　数
83	00、1、2、(3)	0	—	1
		1	—	1
		1.005	—	1
		1.01,1.02,…,1.49	0.01	49
		1.5,1.6,…,1.9	0.1	5
		2.0,2.5,…,9.5	0.5	16
		10,20,…,100	10	10
46	0、1、2	1	—	1
		1.001,1.002,…,1.009	0.001	9
		1.01,1.02,…,1.09	0.01	9
		1.1,1.2,…,1.9	0.1	9
		2,3,…,9	1	8
		10,20,…,100	10	10

(3)中心高测量步骤

①首先把检验平板和被测零件擦干净,然后将图 2.2 中零件的 A 面(基准)放在检验平板上,用塞尺检查零件和检验平板是否接触良好(以最薄的那片塞尺不能插入为准)。

②将百分表或杠杆百分表装入磁性表座,如图 2.23、图2.24所示。

③量块的尺寸计算:量块高度 = 中心高公称尺寸(70 mm) - 被测孔实际半径。

④根据计算出的量块高度,选择合适的量块将之搭配(尽量不超过 4 块),并用组合量块校正杠杆百分表的零位。校正时,使杠杆百分表压表 0.2 ~ 0.3 mm(即指针转过 20 ~ 30 小格)。

⑤移动已调整好的表座,将杠杆百分表的测量头伸入被测内孔,找到被测的孔的最低位置,读出杠杆百分表的值,并计算其孔下壁到基准面的高度值。

⑥重复第⑤步,沿轴线方向测量几处位置,并做记录。

⑦将被测零件转过 180°(绕垂直于 A 面的轴线旋转),再次重复第⑤步。

图 2.22　杠杆百分表

⑧将上述的高度值加上被测的孔的实际半径尺寸,即为中心高值,记录在实训报告中。

⑨根据被测零件的中心高要求,判断其合格性,完成零件测量报告。

图 2.23　百分表装入磁性表座　　　　图 2.24　杠杆百分表装入磁性表座

2.5　习　题

2.1　何谓基孔制、基轴制配合？何谓混合配合？何种情况下选用基轴制配合及混合配合？

2.2　分别求出下列各配合的极限间限或极限过盈和配合公差,画出尺寸公差带图和配合公差带图,并指出各属哪类配合。

（1）孔 $\phi 50^{+0.025}_{0}$ mm 与轴 $\phi 50^{+0.025}_{+0.009}$ mm 的配合。

（2）孔 $\phi 50^{+0.025}_{0}$ mm 与轴 $\phi 50^{+0.041}_{+0.025}$ mm 的配合。

（3）孔 $\phi 50^{+0.050}_{+0.025}$ mm 与轴 $\phi 50^{0}_{-0.016}$ mm 的配合。

2.3　确定表 2.10 中各配合中孔与轴的极限偏差,配合的极限间隙或过盈以及配合公差,画出公差带图并指出各属哪种基准制,哪类配合。

表 2.10

（1）$\phi 30H8/f7$	（2）$\phi 80A10/h10$	（3）$\phi 50K7/h6$
（4）$\phi 120H8/r7$	（5）$\phi 180H8/u7$	（6）$\phi 18M6/h5$

2.4　将表 2.11 中基孔（轴）制配合改换成配合性质相同的基轴（孔）制同名配合,查表确定改换后孔、轴的极限偏差,并画出公差带图。

表 2.11

（1）$\phi 60H9/d9$	（2）$\phi 50H8/f7$	（3）$\phi 30K7/h6$
（4）$\phi 30S7/h6$	（5）$\phi 50H7/u6$	（6）$\phi 18M6/h5$

2.5　有下列 3 组孔与轴相配合,根据配合要求的极限间隙或过盈,试分别确定它们的公差等级,并选用适当配合。

（1）配合的孔轴公称尺寸 $= \phi 25$ mm，$X_{\min} = +38$ μm，$X_{\max} = +96$ μm。

（2）配合的孔轴公称尺寸 $= \phi 40$ mm，$Y_{\max} = -76$ μm，$Y_{\min} = -35$ μm。

（3）配合的孔轴公称尺寸 $= \phi 70$ mm，$Y_{\max} = -25$ μm，$Y_{\max} = +30$ μm。

2.6　一组的孔、轴配合，要求表面镀铬后满足 $\phi 50H8/f7$ 的配合要求，镀铬层厚度为 0.008 ~ 0.012 mm。试确定镀铬前公差等级并选取适当的配合。

2.7　规定活塞与汽缸壁之间在工作时的间隙应为 0.04 ~ 0.097 mm，若工作时活塞的温度为 $t_s = 150$ ℃，汽缸的温度 $t_h = 100$ ℃，装配温度 $t = 20$ ℃，汽缸的线膨胀系数 $\alpha_h = 12 \times 10^{-6}$/℃，活塞的线膨胀系数 $\alpha = 22 \times 10^{-6}$/℃，活塞与汽缸的公称尺寸为 $\phi 95$ mm。试求活塞与汽缸的装配间隙应为多少？并根据装配间隙选定合适的公差等级与配合。

项目 3

光滑极限量规

3.1 给定检测任务

光滑极限量规给定的检测任务如图 3.1 所示。

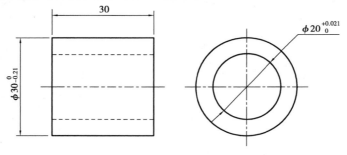

图 3.1 套筒

3.2 问题的提出

如图 3.1 所示为一个套筒零件。其中,有 $\phi 20^{+0.021}_{0}$ 的标注。请同学从以下 5 个方面进行学习:

①分析图纸,明确精度要求。

②查阅相关国家计量标准,理解 $\phi 20^{+0.021}_{0}$ 的标注含义。

③选择光滑极限量规,检验套筒零件 $\phi 20^{+0.021}_{0}$ 孔是否合格。

④对计量器具进行保养与维护。

⑤填写检测报告,进行数据处理。

本项目要求同学们掌握光滑极限量规的结构和使用方法,并能正确读数。在使用这些计量器具时,要求正确调整校对计量器具。

3.3　光滑极限量规检测器具

检验光滑工件尺寸时,可用通用测量器具,也可使用极限量规。通用测量器具可以有具体的指示值,能直接测量出工件的尺寸,而光滑极限量规是一种没有刻线的专用量具,它不能确定工件的实际尺寸,只能判断工件合格与否。因量规结构简单,制造容易,使用方便,并且可保证工件在生产中的互换性,因此广泛应用于大批量生产中。光滑极限量规的标准是 GB/T 1957—2006。

(1)量规结构与功能

光滑极限量规可分为塞规和卡规,如图 3.2、图 3.3 所示。无论塞规和卡规都有通规和止规,且它们成对使用。塞规是孔用极限量规,它的通规是根据孔的下极限尺寸确定的,作用是防止孔的实际尺寸小于孔的下极限尺寸;止规是按孔的上极限尺寸设计的,作用是防止孔的实际尺寸大于孔的上极限尺寸,如图 3.4 所示。

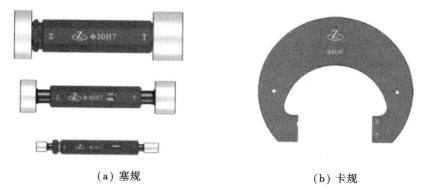

(a)塞规　　　　　　　　　　(b)卡规

图 3.2　量规外形

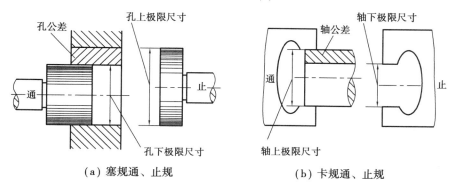

(a)塞规通、止规　　　　　　　(b)卡规通、止规

图 3.3　光滑极限量规

卡规是轴用量规,它的通规是按轴的上极限尺寸设计的,其作用是防止轴的实际尺寸大于轴的上极限尺寸;止规是按轴的下极限尺寸设计的,其作用是防止轴的实际尺寸小于轴的下极限尺寸,如图 3.5 所示。

(2)量规类型

①工作量规。工作量规是工人在生产过程中检验工件用的量规,它的通规和止规分别用

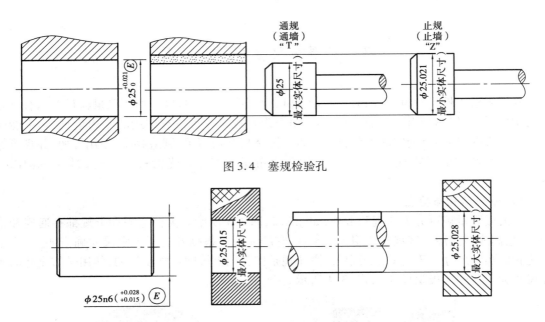

图 3.4　塞规检验孔

图 3.5　环规检验轴

代号"T"和"Z"表示。

②验收量规。验收量规是检验部门或用户代表验收产品时使用的量规。

③校对量规。校对量规是校对轴用工作量规的量规,以检验其是否符合制造公差和在使用中是否达到磨损极限。

(3)极限量规尺寸判断原则对量规的要求

1)极限尺寸判断原则

《光滑极限量规》(GB/T 1957—2006)中规定了极限尺寸的判断原则,其内容如下:

①孔或轴的实际轮廓不允许超过最大实体边界。最大实体边界的尺寸为最大实体极限。对于孔,为它的下极限尺寸;对于轴,为它的上极限尺寸。

②孔或轴任何部位的实际尺寸不允许超过最小实体极限。对于孔,其实际尺寸不应大于它的上极限尺寸;对于轴,其实际尺寸不应小于它的下极限尺寸。

这两条内容体现了设计给定的孔、轴极限尺寸的控制功能,即不论实际轮廓还是任一提取组成要素的局部尺寸,均应位于给定公差带内。第一条原则是为了将孔、轴的实际配合作用面控制在最大实体边界之内,从而保证给定的最紧配合要求;第二条原则则是为了控制任一提取组成要素的局部尺寸不超出公差范围,从而保证给定的最松配合要求。

极限尺寸判断原则为综合检验孔、轴尺寸的合格性提供了理论基础,光滑极限量规就是由此而设计出来的:通规根据第一条设计,体现最大实体边界(其尺寸为最大实体极限),控制孔、轴实际轮廓;止规根据第二条设计,体现最小实体极限,控制实际尺寸。

2)极限尺寸判断原则对量规的要求

极限尺寸判断原则是设计和使用光滑极限量规的理论依据。它对量规的要求:通规测量面是与被检验孔或轴形状相对应的完整表面(即全形量规),其尺寸应为被检孔、轴的最大实体极限,其长度应等于被检孔、轴的配合长度;止规的测最面是两点状的(即非全形量规),其尺寸应为被检孔、轴的最小实体极限。

在实际生产中,使用和制造完全符合上述原则要求的量规有时比较困难。这时,在被检验工件的形状误差不致影响配合性质的前提下(如安排合理的加工工艺),允许偏离泰勒原则。例如,为了使量规标准化,允许通规的长度小于配合长度;用环规不便于检测时允许用卡规代替;检验小尺寸的孔时,为了方便制造可制成全形量规,等等。

(4)使用量规的注意事项

量规是没有示值的专用量具,在使用量规进行检验时要特别注意按以下规定的程序进行:

1)在使用前应注意的问题

要检查量规上的标记是否与被检验工件图样上标注的标记相符。如果两者的标记不相符,则不要用该量规。量规是实行定期检定的量具,经检定合格发给检定合格证书,或在量规上做标志。因此在使用量规前,应该检查是否有检定合格证书或标志等证明文件,如果有,而且能证明该量规是在检定期内,才可使用,否则不能使用该量规检验工件。

量规是成对使用的,即通规和止规配对使用。有的量规把通端(T)与止端(Z)制成一体,有的是制成单头的。对于单头量规,使用前要检查所选取的量规是否是一对,是一对才能使用。从外观看,通端的长度一般比止端长 1/3 ~ 1/2。

检查外观质量。量规的工作面不得有锈迹、毛刺和划痕等缺陷。

2)使用中应注意的问题

量规的使用条件是温度为 20 ℃,测量力为 0。在生产现场中使用量规很难符合这些要求,因此,为减少由于测量条件不符合规定要求而引起的测量误差,必须注意使量规与被测量的工件放在一起平衡温度,使两者的温度相同后再进行测量,这样可减少温差造成的测量误差。

注意操作方法,减少测量力的影响。对于卡规来说,当被测件的轴心线是水平状态时,公称尺寸小于 100 mm 的卡规,其测量力等于卡规的自重(当卡规从上垂直向下卡时);公称尺寸大于 100 mm 的卡规,其测量力是卡规自重的一部分。在使用大于 100 mm 的卡规时,应想办法减少卡规本身的一部分质量。为减少这部分质量所需施加的力,应标注在卡规上。而现在在实际生产中很少能这样做,因此,要凭经验操作。如图 3.6 所示为正确或错误使用卡规的示意图。

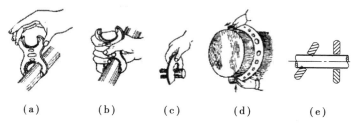

(a)　　　(b)　　　(c)　　　(d)　　　(e)

图 3.6　卡规的使用方法

图 3.6(a)凭卡规自重测量:正确。

图 3.6(b)使劲卡卡规:错误。

图 3.6(c)单手操作小卡规:正确。

图 3.6(d)双手操作大卡规:正确。

图 3.6(e)卡规正着卡:正确;卡规歪着卡:错误。

检验孔时,如果孔的轴心线是水平的,将塞规对准孔后,用手稍推塞规即可,不得用大力推塞规;如果孔的轴心线是垂直于水平面的,对通规而言,当塞规对准孔后,用手轻轻扶住塞规,凭塞规的自重进行检验,不得用手使劲推塞规;对止规而言,当塞规对准孔后,松开手,凭塞规

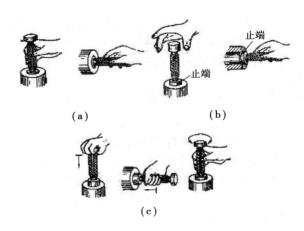

图 3.7　塞规的使用方法

的自重进行检验。如图 3.7(a)、(b)所示为正确使用塞规的示意图,如图 3.7(c)所示为错误使用塞规的示意图。

正确操作量规不仅能获得正确的检验结果,而且能保持量规不受损伤。塞规的通端要在孔的整个长度上检验,而且在 2~3 个轴向截面内检验;止端要尽可能在孔的两头(对通孔而言)进行检验。卡规的通端和止端,都要围绕轴心的 3~4 个横截面。量规要成对使用,不能只用一端检验就匆忙下结论。使用前,将量规的工作表面擦净后,可在工作表面上涂一层薄薄的润滑油。

3.4　量规设计

3.4.1　量规公差带设计

(1)工作量规

1)量规制造公差

量规的制造精度比工件高得多,但量规在制造过程中,不可避免会产生误差,因而对量规规定了制造公差。通规在检验零件时,要经常通过被检验零件,其工作表面会逐渐磨损以至报废。为了使通规有一个合理的使用寿命,还必须留有适当的磨损量。因此,通规公差由制造公差(T)和磨损公差两部分组成。

止规由于不经常通过零件,磨损极少,因此只规定了制造公差。

量规设计时,以被检验零件的极限尺寸作为量规的公称尺寸。

如图 3.8 所示为光滑极限量规公差带图。标准规定量规的公差带不得超越工件的公差带。

通规尺寸公差带的中心到工件最大实体尺寸之间的距离 Z(称为公差带位置要素)体现了通规的平均使用寿命。通规在使用过程中会逐渐磨损,因此,在设计时应留出适当的磨损储量,其允许磨损量以工件的最大实体尺寸为极限;止规的制造公差带从工件的最小实体尺寸算起,分布在尺寸公差带之内。

制造公差 T 和通规公差带位置要素 Z 是综合考虑了量规的制造工艺水平和一定的使用

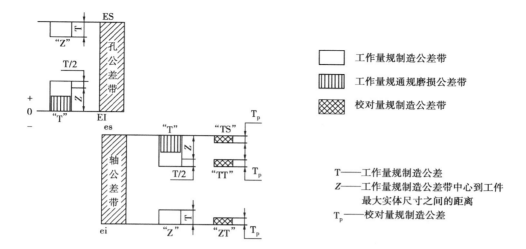

图 3.8　光滑极限量规公差带图

寿命,按工件的公称尺寸、公差等级给出的。量规公差 T 和位置要素 Z 的数值过大,对工件的加工不利;T 值过小,则量规制造困难;Z 值过小,则量规使用寿命短。因此根据我国目前量规制造的工艺水平,合理规定了量规公差,具体数值见表 3.1。

国家标准规定的工作量规的几何误差,应在工作量规制造公差范围内,其形位公差为量规尺寸公差的 50%,考虑到制造和测量的困难,当量规制造公差不大于 0.002 mm 时,其几何公差为 0.001 mm。

表 3.1　IT6—IT12 级工作量规制造公差和位置要素值(摘录)/μm

工件公称尺寸	IT6			IT7			IT8			IT9			IT10			IT11			IT12		
D/mm	IT6	T	Z	IT7	T	Z	IT8	T	Z	IT9	T	Z	IT10	T	Z	IT11	T	Z	IT12	T	Z
~3	6	1	1	10	1.2	1.6	14	1.6	2	25	2	3	40	2.4	4	60	3	6	100	4	9
>3~6	8	1.2	1.4	12	1.4	2	18	2	2.6	30	2.4	4	48	3	5	75	4	8	120	5	11
>6~10	9	1.4	1.6	15	1.8	2.4	22	2.4	3.2	36	2.8	5	58	3.6	6	90	5	9	150	6	13
>10~18	11	1.6	2	18	2	2.8	27	2.8	4	43	3.4	6	70	4	8	110	6	11	180	7	15
>18~30	13	2	2.4	21	2.4	3.4	33	3.4	5	52	4	7	84	5	9	130	7	13	210	8	18
>30~50	16	2.4	2.8	25	3	4	39	4	6	62	5	8	100	6	11	160	8	16	250	10	22
>50~80	19	2.8	3.4	30	3.6	4.6	46	4.6	7	74	6	9	120	7	13	190	9	19	300	12	26
>80~120	22	3.2	3.8	35	4.2	5.4	54	5.4	8	87	7	10	140	8	15	220	10	22	350	14	30
>120~180	25	3.8	4.4	40	4.8	6	63	6	9	100	8	12	160	9	18	250	12	25	400	16	35
>180~250	29	4.4	5	46	5.4	7	72	7	10	115	9	14	185	10	20	290	14	29	460	18	40
>250~315	32	4.8	5.6	52	6	8	81	8	11	130	10	16	210	12	22	320	16	32	520	20	45
>315~400	36	5.4	6.2	57	7	9	89	9	12	140	11	18	230	14	25	360	18	36	570	22	50
>400~500	40	6	7	63	8	10	97	10	14	155	12	20	250	16	28	400	20	40	630	24	55

2）量规极限偏差的计算步骤

①确定工件的公称尺寸及极限偏差。

②根据工件的公称尺寸及极限偏差确定工作量规制造公差 T 和位置要素值 Z。

③计算工作量规的极限偏差,见表 3.2。

表 3.2　工作量规极限偏差的计算

	检验孔的量规	检验轴的量规
通端上极限偏差	$T_s = \text{EI} + Z + \dfrac{T}{2}$	$T_{sd} = \text{es} - Z + \dfrac{T}{2}$
通端下极限偏差	$T_i = \text{EI} + Z - \dfrac{T}{2}$	$T_{id} = \text{es} - Z - \dfrac{T}{2}$
止端上极限偏差	$Z_s = \text{ES}$	$Z_{sd} = \text{ei} + T$
止端下极限偏差	$Z_i = \text{ES} - T$	$Z_{id} = \text{ei}$

（2）验收量规

在光滑极限量规国家标准中,没有单独规定验收量规公差带,但规定了检验部门应使用磨损较多的通规,用户代表应使用接近工件最大实体尺寸的通规,以及接近工件最小实体尺寸的止规。

（3）校对量规公差

校对量规的尺寸公差带完全位于被校对量规的制造公差和磨损极限内:校对量规的尺寸公差等于被校对量规尺寸公差的 1/2,形状误差应控制在其尺寸公差带内。

3.4.2　量规结构设计

进行量规设计时,应明确量规设计原则,合理选择量规的结构,然后根据被测工件的尺寸公差带计算出量规的极限偏差并绘制量规的公差带图及量规的零件图。

光滑极限量规的设计应符合极限尺寸判断原则（泰勒原则）,根据这一原则,通规应设计成全形的,即其测量面应具有与被测孔或轴相应的完整表面,其尺寸应等于被测孔或轴的最大实体尺寸,其长度应与被测孔或轴的配合长度一致;止规应设计成两点式的,其尺寸应等于被测孔或轴的最小实体尺寸。

但在实际应用中,极限量规常偏离上述原则。例如,为了用已标准化的量规,允许通规的长度小于结合面的全长:对于尺寸大于 100 mm 的孔,用全形塞规通规很笨重,不便使用,允许用不全形塞规;环规通规不能检验正在顶尖上加工的工件及曲轴,允许用卡规代替;检验小孔的塞规止规,为了便于制造常用全形塞规。

标准量规的结构,在《光滑极限量规形式和尺寸》（GB/T 10920—2008）中,对于孔、轴的光滑极限量规的结构、通用尺寸、适用范围、使用顺序都作了详细的规定和阐述,设计可参考有关手册,选用量规结构形式时,同时必须考虑工件结构、大小、产量和检验效率等。

3.4.3　量规其他技术要求

工作量规的形状误差应在量规的尺寸公差带内,形状公差为尺寸公差的 50%,但形状公差小于 0.001 mm 时,由于制造和测量都比较困难,形状公差都规定为 0.001 mm。

量规测量面的材料可用淬火钢（合金工具钢、碳素工具钢等）和硬质合金,也可在测量面上镀以耐磨材料,测量面的硬度应为 HRC58 ~ 65。

　　量规测量面的粗糙度主要是从量规使用寿命、工件表面粗糙度以及量规制造的工艺水平考虑。一般量规工作面的粗糙度应比被检工件的表面粗糙度要求严格些,量规测量面粗糙度要求可参照表 3.3 选用。

表 3.3　量规测量面粗糙度

工作量规	工件公称尺寸/mm		
	至 120	大于 120 至 315	大于 315 至 500
	Ra 最大允许值/μm		
IT6 级孔用量规	0.04	0.08	0.16
IT9—IT6 级轴用量规	0.08	0.16	0.32
IT9—IT7 级轴用量规			
IT12—IT10 级孔、轴用量规	0.16	0.32	0.63
IT16—IT13 级孔、轴用量规	0.32	0.63	0.63

3.4.4　工作量规设计举例

　　例 3.1　设计检验 $\phi30H8/f7$ 孔轴用工作量规。

　　解　设计步骤:一是选择量规的结构形式;二是计算工作量规的极限偏差;三是绘制工作量规的公差带图。

　　①确定被测孔、轴的极限偏差。

　　查极限与配合标准:

　　$\phi30H8$ 的上极限偏差 ES = +0.033 mm,下极限偏差 EI = 0。

　　$\phi30f7$ 的上极限偏差 es = -0.020 mm,下极限偏差 ei = -0.041 mm。

　　②选择量规的结构形式分别为锥柄双头圆柱塞规和单头双极限圆形片状卡规。

　　③确定工作量规制造公差 T 和位置要素 Z。

　　由表 3.1 查得

　　塞规:T = 0.003 4 mm,Z = 0.005 mm。

　　卡规:T = 0.002 4 mm,Z = 0.003 4 mm。

　　④计算工作量规的极限偏差。

　　$\phi30H8$ 孔用塞规极限偏差如下:

　　通规:

$$上极限偏差 = EI + Z + \frac{T}{2} = \left(0 + 0.005 + \frac{0.003\ 4}{2}\right)mm = +0.006\ 7\ mm$$

$$下极限偏差 = EI + Z - \frac{T}{2} = \left(0 + 0.005 - \frac{0.003\ 4}{2}\right)mm = +0.003\ 3\ mm$$

　　磨损极限 = EI = 0

　　因此,塞规通端尺寸为 $\phi30^{+0.006\ 7}_{+0.003\ 3}$ mm,磨损极限尺寸为 $\phi30$ mm。

　　止规:

　　上极限偏差 = ES = +0.033 mm

下极限偏差 = ES − T = (+0.033 − 0.003 4)mm = 0.029 6 mm

因此,塞规止端尺寸为 $\phi 30^{+0.033}_{+0.029\,6}$ mm。

$\phi 30f7$ 轴用卡规极限偏差如下:

通规:

上极限偏差 = es − Z + $\dfrac{T}{2}$ = $\left(-0.020 - 0.003\,4 + \dfrac{0.002\,4}{2} \right)$mm = −0.022 2 mm

下极限偏差 = es − Z − $\dfrac{T}{2}$ = $\left(-0.020 - 0.003\,4 - \dfrac{0.002\,4}{2} \right)$mm = −0.024 6 mm

磨损极限 = es = −0.020 mm

因此,卡规通端尺寸为 $\phi 30^{-0.022\,2}_{-0.024\,6}$ mm,磨损极限尺寸为 29.980 mm。

止规:

上极限偏差 = ei + T = (−0.041 + 0.002 4)mm = −0.038 6 mm

下极限偏差 = ei = −0.041 mm

因此,卡规止端尺寸为 $\phi 30^{-0.038\,6}_{-0.041}$ mm。

⑤绘制工作量规 f 的工作简图,如图 3.9 所示。

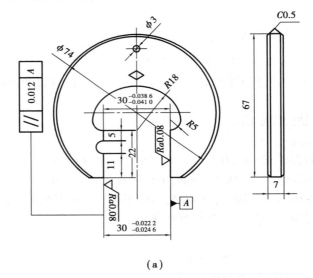

(a)

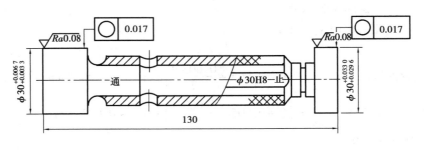

(b)

图 3.9　量规工作简图

3.5　习　　题

3.1　试计算 $\phi 30K7$ 的工作塞规的极限尺寸,并画出公差带图。

3.2　试计算 $\phi 15m6$ 轴用工作量规及校对量规的极限尺寸,并画出公差带图。

3.3　试设计检验 $\phi 20H7/n6$ 配合中,孔、轴的工作量规及轴用校对量规,并画出公差带图。

3.4　设有下面几种工件尺寸,试按《光滑工件尺寸的检验》标准选择计量器具,并确定各尺寸的验收极限:

(1) $\phi 20h9$。

(2) $\phi 30f7$。

(3) $\phi 60H10$。

项目 **4**

几何公差检测

4.1　给出检测任务

几何公差检测给出的检测任务如图4.1、图4.2所示。

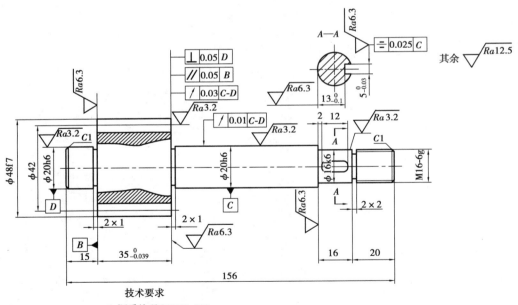

技术要求

1. 调质处理 HB220~250
2. 锐边倒钝

图 4.1　齿轮轴

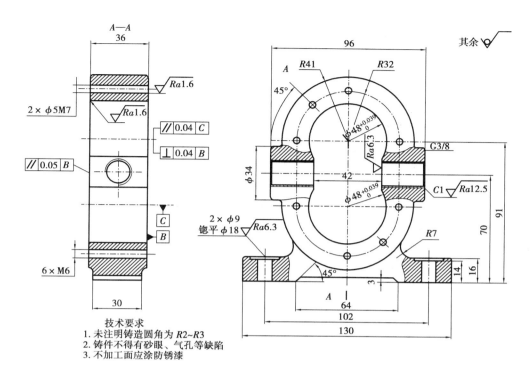

图 4.2 齿轮油泵泵体

4.2 问题的提出

如图 4.1 所示为一个齿轮轴,其中有 $\boxed{\nearrow|0.03|C\text{-}D}$、$\boxed{=|0.025|C}$、$\boxed{\perp|0.05|C}$、$\boxed{/\!/|0.05|B}$、$\boxed{\nearrow|0.01|C\text{-}D}$ 等标注;如图 4.2 所示为一个齿轮油泵泵体,其中有 $\boxed{/\!/|0.04|C}$、$\boxed{\perp|0.04|B}$ 等的标注。请同学从以下 5 个方面进行学习:

①分析图纸,明确精度要求。
②查阅相关国家计量标准,理解图中标注的含义。
③选择计量器具,确定测量方案。
④对计量器具进行保养与维护。
⑤填写检测报告,处理实验数据。

4.3 对几何公差预备认识

4.3.1 几何公差的概念及影响

零件在机械加工过程中,由于受机床、夹具、刀具和零件所组成的工艺系统本身存在的几何误差,以及加工中出现的受力变形、热变形、振动和磨损等因素的影响,不仅会产生尺寸误差,还会产生形状误差和位置误差(简称几何误差)。

几何误差会影响机械产品的质量和互换性。如图 4.3(a)所示为一对间隙配合的孔和轴，轴加工后的实际尺寸和形状如图 4.3(b)所示。由图 4.3 可知，虽然轴的尺寸满足公差要求，但由于轴是弯曲的，存在形状误差，使得孔与轴还是无法进行装配。如图 4.4 所示，由于台阶轴的两轴线不处于同一直线上，即存在位置误差，因而无法装配到台阶孔中。

几何误差还会影响机器或仪器的使用性能如工作精度、联接强度、运动平稳性、密封性和使用寿命等，特别是对经常在高温、高压、高速及重载条件下工作的零件影响更大。例如，孔与轴的配合中，由于存在形状误差，对于间隙配合，会使间隙分布不均匀，加快局部磨损，从而降低零件的寿命；对于过盈配合，则使过盈量各处不一致。

因此，在机械加工中，不但要对零件的尺寸误差加以限制，还必须根据零件的使用要求，在制造工艺性允许的情况下，规定出经济合理的几何误差变动范围，以确保零件的使用性能。几何公差就是用来表征这种误差变动范围的，它主要指实际被测要素对图样上给定的理想形状、理想位置或（和）理想方向的允许变动量。

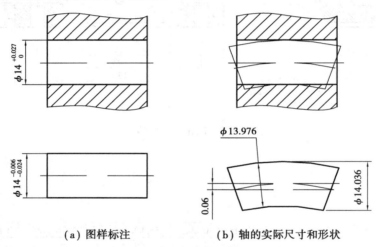

（a）图样标注　　　　　　（b）轴的实际尺寸和形状

图 4.3　形状误差对配合性能的影响

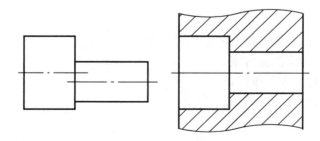

图 4.4　位置误差对装配性能的影响

4.3.2　几何要素

零件的几何要素是指构成零件几何特征的点、线、面，如图 4.5 所示零件的球面、圆锥面、圆柱面、端面、轴线和球心等均属于该零件的几何要素。零件几何公差就是研究这些几何要素的

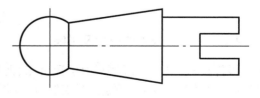

图 4.5　零件的几何要素

形状、方向和位置精度要求的。

几何要素可从以下不同角度进行分类：

（1）按结构特征分

1）组成要素

组成要素是指构成零件外形的点、线、面各要素，如图 4.5 中的球面、圆锥面、圆柱面、端平面以及圆锥面和圆柱面的素线。组成要素又分为公称组成要素、实际（组成）要素、提取组成要素和拟合组成要素 4 种，如图 4.6 所示。

①公称组成要素：由技术制图或其他方法确定的理论正确的组成要素。

②实际（组成）要素：实际存在并将整个工件与周围介质分隔的要素。

③提取组成要素：按规定的方法，由实际（组成）要素提取有限目的点所形成的实际组成要素的近似替代。

④拟合组成要素：按规定的方法，由提取组成要素形成的并具有理想形状的组成要素。

2）导出要素

导出要素是指构成零件轮廓对称中心的点、线、面各要素，如图 4.5 中的轴线和球心。导出要素又分为公称导出要素、提取导出要素和拟合导出要素 3 种，如图 4.6 所示。

①公称导出要素：由一个或几个公称组成要素导出的中心点、中心线或中心面。

②提取导出要素：由一个或几个提取组成要素导出的中心点、中心线或中心面。

③拟合导出要素：由一个或几个拟合组成要素导出的中心点、中心线或中心面。

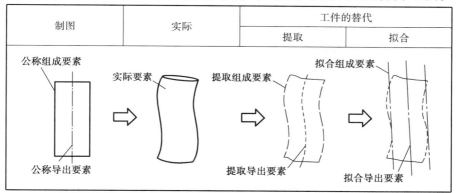

图 4.6　组成要素和导出要素

（2）按存在状态分

1）实际要素

实际要素是指零件实际存在的要素，通常用测量得到的要素代替。

2）公称要素

公称要素是指具有几何意义的要素，它们不存在任何误差，故称理想要素。设计时，图样给出的要素均为公称要素。

（3）按所处检测地位分

1）被测要素

被测要素是指图样上给出了几何公差要求的要素，是检测的对象。

2）基准要素

基准要素是指图样上用来确定被测要素方向或（和）位置的要素。理想的基准要素简称为基准。

（4）按功能关系分

1）单一要素

单一要素是指仅对要素自身提出功能要求而给出形状公差的要素。

2）关联要素

关联要素是指相对基准要素有功能要求而给出位置公差的要素。

单一要素和关联要素都是指被测要素而言。

4.3.3 几何公差的项目与符号

国家标准《产品几何技术规范（GPS）几何公差　形状、方向、位置和跳动公差标注》（GB/T 1182—2008）规定，几何公差分为形状公差、方向公差、位置公差和跳动公差 4 大类，其名称及符号见表 4.1。

表 4.1　几何公差的几何特征及符号（摘自 GB/T 1182—2008）

公差	特征	符号	有或无基准要求	公差	特征	符号	有或无基准要求
形状公差	直线度	—	无	位置公差	位置度	⊕	有或无
	平面度	▱	无		同心度（用于中心点）	◎	有
	圆度	○	无		同轴度（用于轴线）	◎	有
	圆柱度	⌀	无		对称度	=	有
	线轮廓度	⌒	有或无		线轮廓度	⌒	有
	面轮廓度	⌓	有或无		面轮廓度	⌓	有
方向公差	平行度	//	有	跳动公差	圆跳动	↗	有
	垂直度	⊥	有				
	倾斜度	∠	有				
	线轮廓度	⌒	有		全跳动	↗↗	有
	面轮廓度	⌓	有				

几何公差的标注要求及其他附加符号见表 4.2。

表 4.2　几何公差标注及附加符号（摘自 GB/T 1182—2008）

说　明	符　号	说　明	符　号
被测要素		自由状态条件（非刚性零件）	Ⓕ
		全周（轮廓）	
基准要素	Ⓐ　Ⓐ	包容要求	Ⓔ
		公共公差带	CZ
基准目标	$\frac{\phi 2}{A1}$	小径	LD
		大径	MD
理论正确尺寸	50	中径、节径	PD
延伸公差带	Ⓟ	线素	LE
最大实体要求	Ⓜ	不凸起	NC
最小实体要求	Ⓛ	任意横截面	ACS

4.3.4　几何公差的标注方法

国家标准 GB/T 1182—2008 规定,在图样上,几何公差一般采用代号标注,无法采用代号标注时,允许在技术要求中用文字加以说明。几何公差的标注结构为框格、指引线和基准代号,框格里的内容包括几何特征符号、公差值、代表基准的字母及相关要求符号等,如图 4.7 所示。

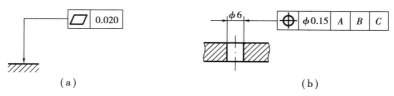

图 4.7　几何公差的标注

（1）公差框格

公差框格由两格或多格矩形方框组成,两格的一般用于形状公差,多格的一般用于位置公差。公差框格一般水平放置,其线型为细实线。框格中的内容从左到右顺序填写:几何特征符号;公差值(mm)和有关符号;基准字母和有关符号。

（2）指引线

指引线由细实线和箭头组成,用来连接公差框格和被测要素。它从公差框格的一端引出,并保持与公差框格端线垂直,箭头指向相关的被测要素。当被测要素为组成要素时,指引线的箭头应置于要素的轮廓线或其延长线上,并与尺寸线明显错开(见图 4.8(a));当被测要素为导出要素时,指引线的箭头应与该要素的尺寸线对齐(见图 4.8(b))。指引线原则上只能从公差框格的一端引出一条,可以曲折,但一般不多于两次。

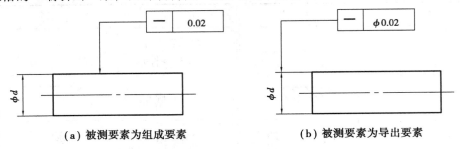

(a) 被测要素为组成要素   (b) 被测要素为导出要素

图4.8 箭头指向的位置

(3)基准符号

基准符号如图4.9所示。基准用大写英文字母表示,字母须水平书写,并标记在基准框格内,用细实线与涂黑或空白的三角形相连,其中涂黑与空白的基准三角形含义相同。

为了不引起误解,代表基准的字母不采用 E、I、J、M、O、P、L、R、F 这9个字母。单一基准由单个字母表示,如图4.10所示;公共基准采用由横线隔开的两个字母表示(见图4.14);基准体系由2个或3个字母表示,如图4.7(b)所示,按基准的先后次序从左到右排列,分别为第 I 基准、第 II 基准和第 III 基准。

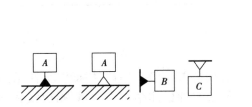

图4.9 基准符号与基准代号

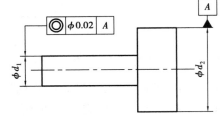

图4.10 基准代号的用法

相对于被测要素的基准,用基准符号表示在基准要素上,字母应与公差框格内的字母相对应,并均应水平书写,如图4.9所示。当基准要素为组成要素时,基准符号应置于要素的轮廓线或其延长线上,并与尺寸线明显错开;当基准要素为导出要素时,基准符号应与该要素的尺寸线对齐,其标注方法如图4.10所示。

(4)几何公差标注的注意事项

在几何公差的标注中,应注意以下问题:

①当同一被测要素有多项几何公差要求时,其标注方法如图4.11(a)所示。

②当同一要素的公差值在全部要素内和其中任一部分有进一步的限制时,其标注方法如图4.11(b)所示。

③当被测要素和基准要素可以互换时,称为任选基准,其标注方法如图4.11(c)所示。

④当几个被测要素有同一数值的公差带要求时,其标注方法如图4.11(d)所示。

⑤若干个分离要素给出单一公差带时,可在公差框格内公差值后面加注公差带的符号CZ,如图4.11(e)所示。

⑥当指引线的箭头(或基准符号)与尺寸线的箭头重叠时,尺寸线的箭头可以省略,如图4.11(f)所示。

⑦如仅要求要素某一部分的公差值或以某一部分作为基准,则用粗点画线表示其范围,并

加注尺寸,如图 4.11(g)所示。

　　⑧当被测要素为视图上局部表面时,指引线的箭头可置于带点的参考线上,该点指在实际表面上,如图 4.11(h)所示。

　　⑨如要求在公差带内进一步限定被测要素的形状,则应在公差值后面加注符号,见表4.3。

　　图样中围以框格的尺寸称"理论正确尺寸",是由不带公差的理论正确位置、轮廓或角度确定的。零件的实际尺寸是由在公差框格中轮廓度、倾斜度或位置度公差来限定的,见表4.4、表4.5、表4.6 和表4.7 标注示例。

　　此外,国家标准中还规定了一些其他特殊符号,如Ⓔ、Ⓜ、Ⓛ、Ⓡ(详见表4.2)以及Ⓟ(延伸公差带)、Ⓕ(非刚性零件的自由状态)等,需要时可参见国家标准。

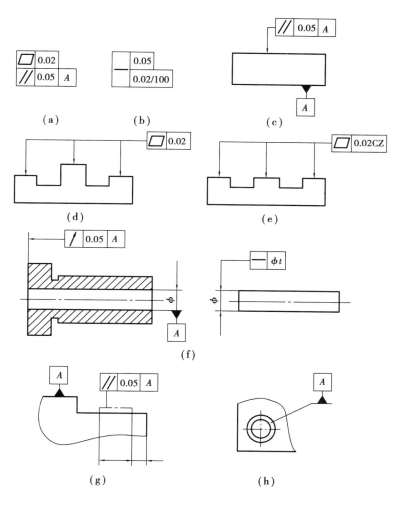

图 4.11　几何公差的标注方法

73

表4.3　几何公差值附加符号

含　义	符　号	举　例	
只许中间向材料内凹下	（－）	ー	t(－)
只许中间向材料外凸起	（＋）	▱	t(＋)
只许从左至右减小	（▷）	⌀	t(▷)
只许从右至左减小	（◁）	⌀	t(◁)

4.3.5　几何公差带

几何公差带是用于限制实际被测要素变动的区域的几何图形,由一个或若干个理想的几何线(面)组成,只要被测要素完全落在给定的公差带内,就表示被测要素的几何公差符合设计要求。

几何公差带具有形状、大小、方向和位置四要素。几何公差带的形状由被测要素的理想形状和给定的公差特征所决定,大小由公差值 t 确定,即公差带的宽度或直径等。几何公差带的主要形状和大小如图4.12所示。几何公差带的方向是指与公差带延伸方向相垂直的方向,通常为指引线箭头所指的方向。几何公差带的位置有固定和浮动两种:当图样上基准要素的位置一经确定,其公差带的位置就不再变动,称为公差带位置固定;当公差带的位置可随实际尺寸的变化而变动时,则称公差带位置浮动。

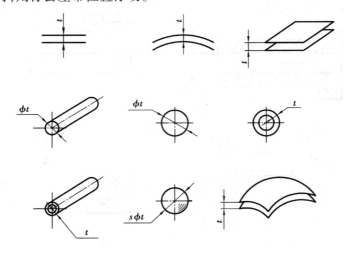

图4.12　几何公差带的形状和大小

4.3.6　基准和基准系

基准是用来定义公差带的位置和(或)方向或用来定义实体状态的位置和(或)方向的一个(组)方位要素。图样上标注的任何一个基准都是理想要素,但基准要素本身也是实际加工出来的,也存在形状误差。在检测中,通常用形状足够精确的表面模拟基准。例如,基准平面可用平台、平板的工作面来模拟;孔的基准轴线可用与孔无间隙配合的心轴、可胀式心轴的轴线来模拟;轴的基准轴线可用 V 形块来体现。

基准的种类通常分为以下 3 种:

(1)单一基准

由一个要素建立的基准称为单一基准,如图 4.13 所示为由 ϕd_2 圆柱轴线建立起的基准。

(2)公共基准(组合基准)

由两个或两个以上要素建立一个独立的基准称为公共基准或组合基准。如图 4.14 所示轴线的同轴度,两段轴线 A、B 建立起公共基准 $A—B$。

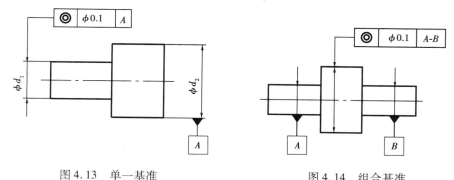

图 4.13　单一基准　　　　　　　　　　图 4.14　组合基准

(3)基准体系(三基面体系)

由 3 个相互垂直的平面构成的基准体系称为三基面体系,这 3 个平面都是基准平面,每两个基准平面的交线构成基准轴线,3 个轴线的交点构成基准点。应用三基面体系时,在图样上标注基准应注意基准的顺序,如图 4.7(b)中线的位置度所示,应选最重要的或最大的平面作为第 Ⅰ 基准,选次要的或较长的平面作为第 Ⅱ 基准,选不重要的平面作为第 Ⅲ 基准。

4.4　几何公差与公差带特征

4.4.1　形状公差与公差带

形状公差是用来限制单一实际要素的形状误差的。它包括直线度、平面度、圆度、圆柱度以及不带基准时的线轮廓度和面轮廓度。形状公差带是限制实际被测要素变动的一个区域。

形状公差的特点是不涉及基准,其公差带的方位(方向和位置)可以浮动(用公差带判定实际被测要素是否位于它的区域内时,它的方位可随实际被测要素方位的变动而变动)。形状公差带只有形状和大小的要求,没有方位的要求,它只能控制被测要素的形状误差,只要被测要素位于其中即为合格。

直线度、平面度、圆度和圆柱度公差带的定义、解释和标注示例见表4.4。

表 4.4　直线度、平面度、圆度和圆柱度公差带的定义、标注和解释

项目	公差带定义	标注和解释
直线度 ▬	公差带为在给定平面内和给定方向上,间距等于公差值 t 的两平行直线所限定的区域 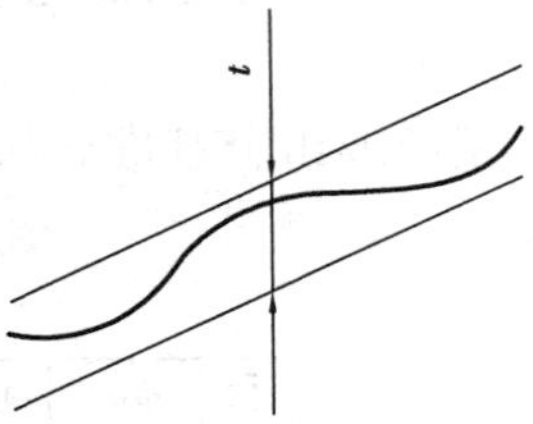	在任一平行于图示投影面的平面内,上平面的提取(实际)线应限定在间距等于 0.1 mm 的两平行直线之间 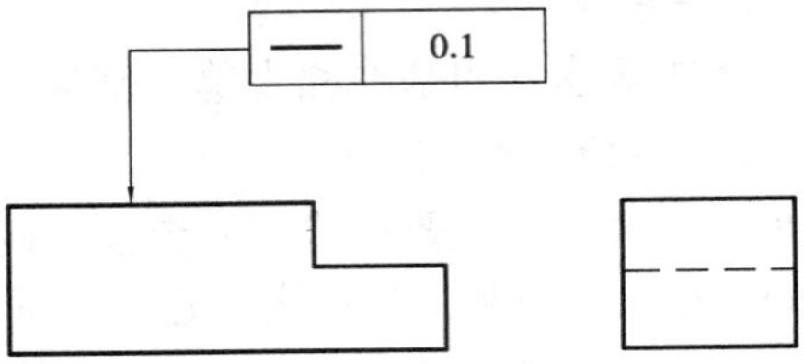
	公差带为间距等于公差值 t 的两平行平面所限定的区域 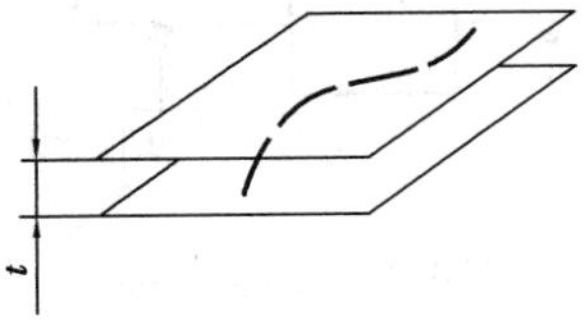	提取(实际)的棱边应限定在间距等于 0.1 mm 的两平行平面之间 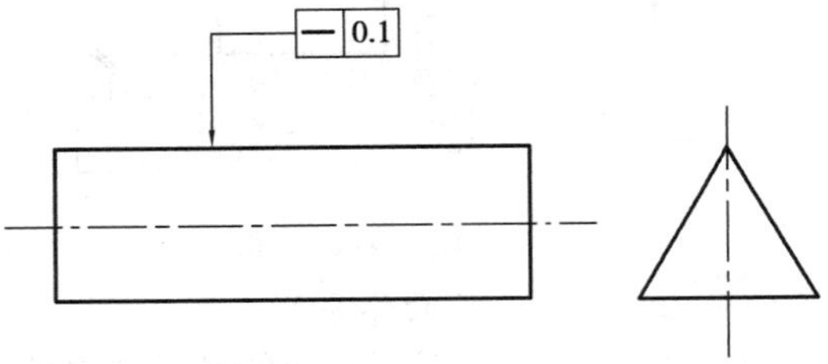
	在公差值前加注符号 ϕ 表示公差带为直径等于公差值 ϕt 的圆柱面所限定的区域 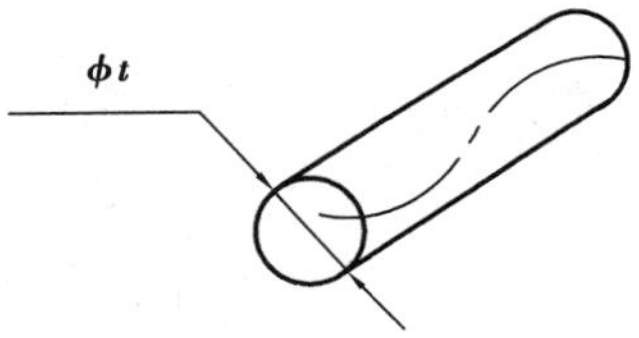	外圆柱面的提取(实际)中心线应限定在直径等于公差值 ϕ0.1 mm 的圆柱面内 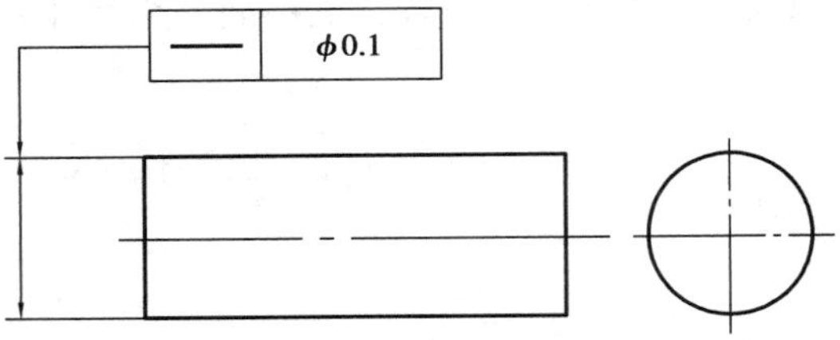
平面度 ▱	公差带为间距等于公差值 t 的两平行平面所限定的区域 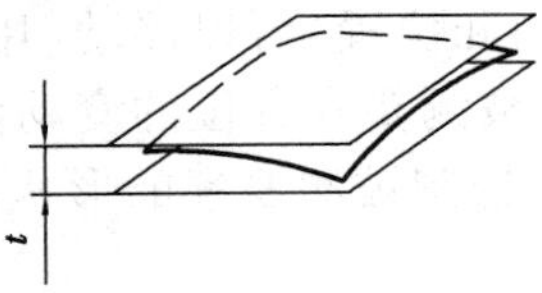	提取(实际)表面应限定在间距等于 0.05 mm 的两平行平面之间 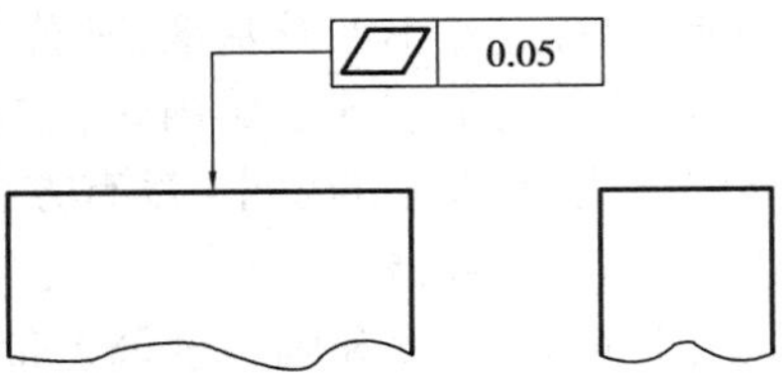

76

续表

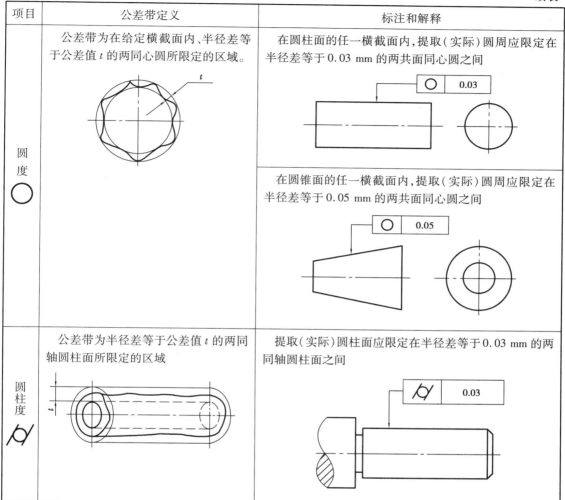

项目	公差带定义	标注和解释
圆度 ⭕	公差带为在给定横截面内、半径差等于公差值 t 的两同心圆所限定的区域。	在圆柱面的任一横截面内,提取(实际)圆周应限定在半径差等于 0.03 mm 的两共面同心圆之间
		在圆锥面的任一横截面内,提取(实际)圆周应限定在半径差等于 0.05 mm 的两共面同心圆之间
圆柱度	公差带为半径差等于公差值 t 的两同轴圆柱面所限定的区域	提取(实际)圆柱面应限定在半径差等于 0.03 mm 的两同轴圆柱面之间

4.4.2　轮廓度公差与公差带

　　轮廓度公差有线轮廓度和面轮廓度公差两种,其被测要素分别为曲线和曲面。轮廓度的公称(理想)被测要素的形状需要用理论正确尺寸决定。理论正确尺寸指当给出一个或一组要素的位置、方向或轮廓度公差时,分别用来确定其理论正确位置、方向或轮廓的尺寸,其表示方式是将数值围以方框。轮廓度公差带分为无基准要求(没有基准约束)和有基准要求(受基准约束)两种。前者为形状公差,其公差带的方位可以浮动;后者为方向或位置公差,其公差带的方向或方位固定。

　　线轮廓度、面轮廓度公差带的定义、标注和解释见表4.5。

表 4.5 线轮廓度和面轮廓度公差带的定义、标注和解释

项目	公差带定义	标注和解释
线轮廓度 ⌒	公差带为直径等于公差值 t、圆心位于具有理论正确几何形状上的一系列圆的两包络线所限定的区域 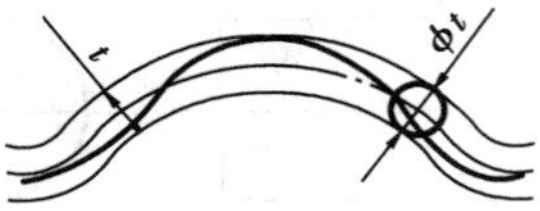	在任一平行于图示投影面的截面内,提取(实际)轮廓线应限定在直径等于 0.05 mm、圆心位于被测要素理论正确几何形状上的一系列圆的两包络线之间 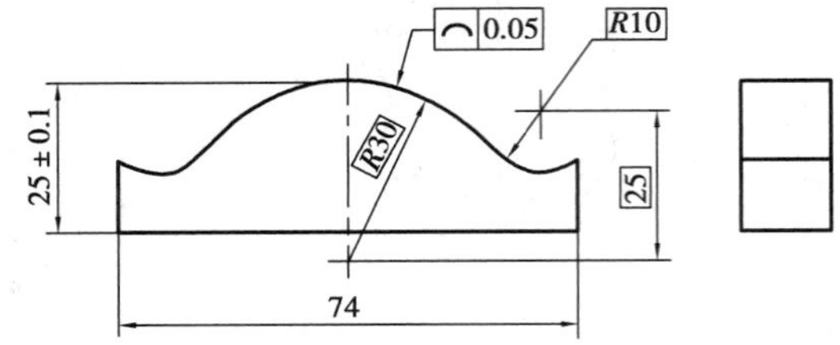 25 ± 0.1 ⌒ 0.05 $R10$ $R30$ 25 74 **无基准的线轮廓度公差**
		在任一平行于图示投影平面的截面内,提取(实际)轮廓线应限定在直径等于 0.05 mm、圆心位于由基准平面 A 确定的被测要素理论正确几何形状上的一系列圆的两等距包络线之间 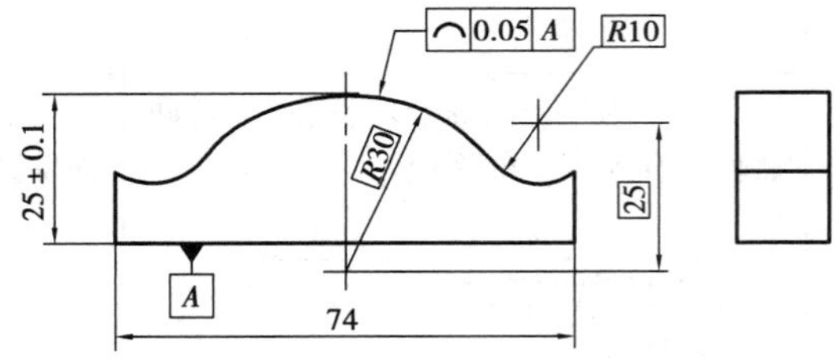 25 ± 0.1 ⌒ 0.05 A $R10$ $R30$ 25 A 74 **相对于基准体系的线轮廓度公差**
面轮廓度 ⌒	公差带为直径等于公差值 t、球心位于由被测要素理论正确几何形状上的一系列圆球的两包络面所限定的区域 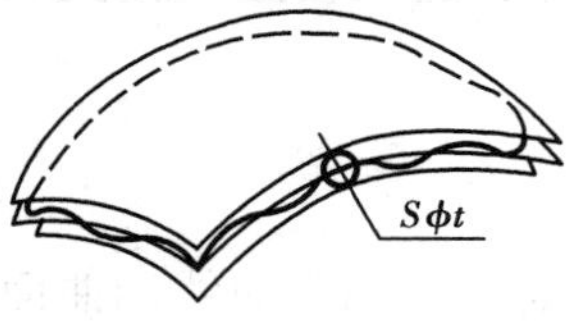 $S\phi t$	提取(实际)轮廓面应限定在直径等于 0.03 mm、球心位于被测要素理论正确几何形状上的一系列圆球的两等距包络面之间 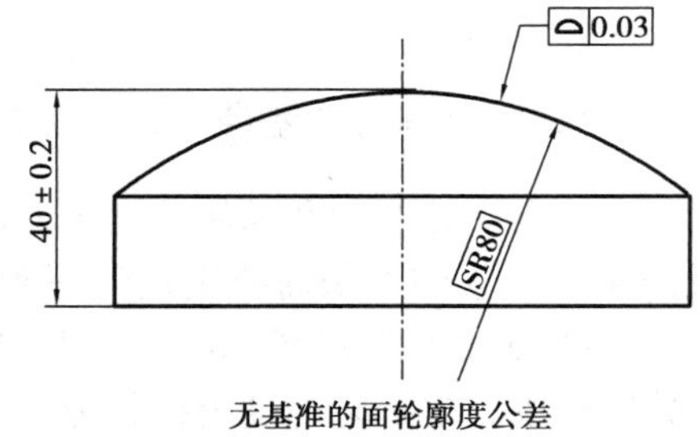 40 ± 0.2 ⌒ 0.03 $SR80$ **无基准的面轮廓度公差**

续表

项目	公差带定义	标注和解释
面轮廓度　⌒		提取(实际)轮廓面应限定在直径等于 0.03 mm、球心位于由基准平面 A 确定的被测要素理论正确几何形状上的一系列圆球的两等距包络面之间 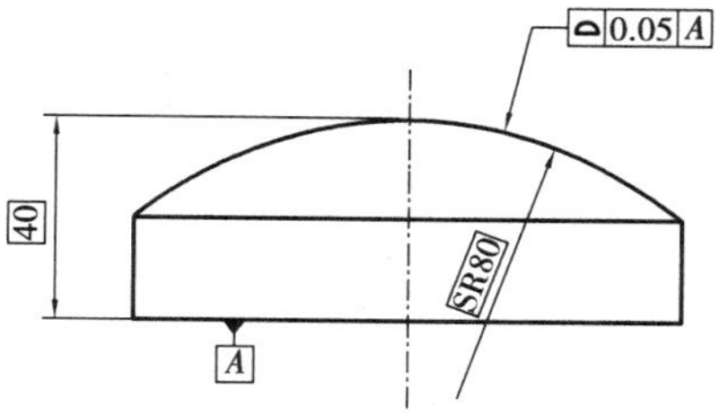 相对于基准体系的面轮廓度公差

4.4.3　方向公差与公差带

方向公差是指关联实际要素对基准的方向所允许的变动量。方向公差包括平行度、垂直度、倾斜度和带基准时的线轮廓度和面轮廓度。方向公差涉及基准,前 3 种方向公差的被测要素和基准要素主要有直线和平面,其被测要素相对于基准要素必须保持图样上给定的平行、垂直和倾斜所夹角度的方向关系,被测要素相对于基准的方向关系要求由理论正确角度来确定。

方向公差带的方向通常是固定的,但位置可以浮动(用公差带判定实际被测要素是否位于它的区域内时,它的方向不可以随实际被测要素方向的变动而变动,但位置可以随实际被测要素位置的变动而变动)。方向公差带在控制被测要素相对于基准平行、垂直和倾斜理论正确角度 $\boxed{\alpha}$ 的同时,能够自然地控制被测要素的形状误差。

平行度、垂直度和倾斜度公差带的定义、标注和解释见表 4.6。

表 4.6　平行度、垂直度和倾斜度公差带的定义、标注和解释

项　　目		公差带定义	标注和解释
平行度　∥	面对基准面的平行度	公差带为间距等于公差值 t、平行于基准平面的两平行平面所限定的区域 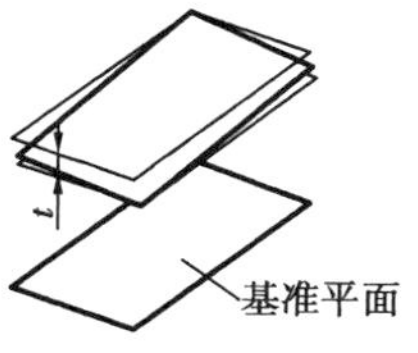 	提取(实际)表面应限定在间距等于 0.03 mm、平行于基准表面 A 的两平行平面之间 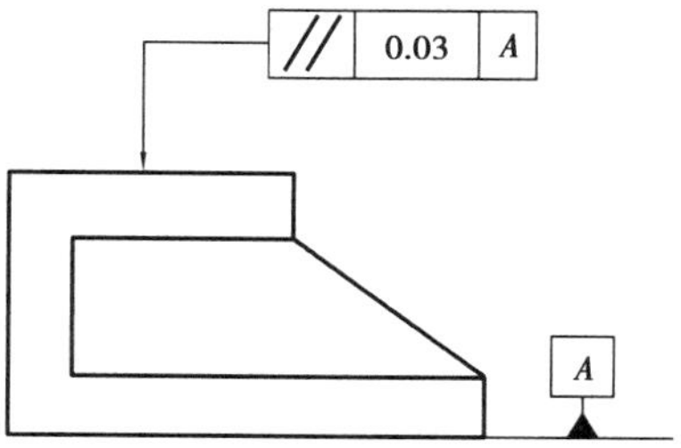

续表

项目		公差带定义	标注和解释
平行度 ∥	线对基准面的平行度	公差带为平行于基准平面、间距等于公差值 t、平行于基准平面的两平行平面所限定的区域 基准平面	提取（实际）中心线应限定在平行于基准表面 A、间距等于 0.05 mm 的两平行平面之间 ∥ 0.05 A
	面对基准线的平行度	公差带为间距等于公差值 t、平行于基准轴线的两平行平面所限定的区域 基准线	提取（实际）表面应限定在间距等于 0.03 mm、平行于基准轴线 A 的两平行平面之间 ∥ 0.05 A
	线对基准线的平行度	公差带为间距等于公差值 t、平行于基准轴线的两平行平面所限定的区域 基准线	提取（实际）中心线应限定在平行于基准轴线 A、间距等于 0.05 mm 的两平行平面之间 ∥ 0.05 A
		如在公差值前加注 ϕ，则公差带为平行于基准轴线、直径等于公差值 ϕt 的圆柱面所限定的区域 ϕt 基准线	提取（实际）中心线应限定在平行于基准轴线 A、直径等于 $\phi0.05$ mm 的圆柱面内 ∥ $\phi0.05$ A

项目		公差带定义	标注和解释
垂直度 ⊥	面对基准平面的垂直度	公差带为间距等于公差值 t、垂直于基准平面的两平行平面所限定的区域	提取(实际)表面应限定在间距等于 0.05 mm、垂直于基准平面 A 的两平行平面之间
	线对基准面的垂直度	若公差值前加注 ϕ,则公差带为直径等于公差值 ϕt、轴线垂直于基准平面的圆柱面所限定的区域	圆柱面的提取(实际)中心线应限定在直径等于 $\phi 0.02$ mm、垂直于基准平面 A 的圆柱面内
倾斜度 ∠	线对基准面的倾斜度	公差带为间距等于公差值 t 的两平行平面所限定的区域。该两平行平面按给定角度倾斜于基准平面	提取(实际)中心平面应限定在间距等于 0.05 mm 的两平行平面之间。该两平行平面按理论正确角度45°倾斜于基准平面 A
	面对基准线的倾斜度	公差带为间距等于公差值 t 两平行平面所限定的区域。该两平行平面按给定角度倾斜于基准轴线	提取(实际)中心平面应限定在间距等于 0.05 mm 的两平行平面之间。该两平行平面按理论正确角度75°倾斜于基准平面 A

81

4.4.4 位置公差与公差带

位置公差是指关联实际要素对基准的位置所允许的变动量,包括同心度和同轴度、对称度和位置度以及带基准的线轮廓度和面轮廓度。

同轴度公差是指实际被测轴线或圆心对基准轴线或圆心的允许变动量,包括轴线的同轴度和点的同心度,其被测要素是回转体的轴线和点,基准要素也是轴线和点,被测要素与基准要素的理想位置重合(定位尺寸为零)。

对称度公差是指实际被测要素(中心要素)的位置对基准的允许变动量。对称度的被测要素是中心平面或轴线,基准要素也是中心平面或轴线,被测要素与基准要素的理想位置重合(定位尺寸为零)。

位置度公差是指实际被测要素的位置对其理想位置的允许变动量,包括点的位置度、线的位置度和面的位置度。位置度的被测要素有点、直线和平面,基准要素主要有直线和平面,给定位置度的被测要素相对于基准要素必须保持图样上给定的正确位置关系,被测要素相对于基准的正确位置关系应由理论正确尺寸来确定。

通常情况下,用公差带判定实际被测要素是否位于它的区域范围内时,它的方向和位置不能随实际被测要素方向和位置的变动而变动,因此,位置公差带的方向和位置一般是固定的,但在某些情况下位置度公差带是可以浮动的。位置公差带的中心具有确定的理想位置,且以该理想位置 Z 对称配置公差带。位置公差带除了有形状和大小的要求外,还有方位的要求,因此,位置公差带在控制被测要素相对于基准位置误差的同时,能够自然地控制同一被测要素相对于基准的方向误差和被测要素的形状误差。

同轴度、对称度和位置度公差带的定义、标注和解释见表4.7。

表 4.7　定位公差带定义、标注和解释

项目		公差带定义	标注和解释
同轴度 ◎	点的同心度	公差值前标注符号 ϕ,公差带为直径等于公差值 ϕt 的圆周所限定的区域。该圆周的圆心与基准点重合	在任意横截面内,内圆的提取(实际)中心应限定在直径等于 $\phi 0.01$ mm 以基准点 A 为圆心的圆周内
	线的同轴度	公差值前标注符号 ϕ,公差带为直径等于公差值 ϕt 的圆柱面所限定的区域。该圆柱面的轴线与基准轴线重合	大圆柱面的提取(实际)中心线应限定在直径等于 $\phi 0.1$ mm、以公共基准轴线 $A\text{-}B$ 同轴的圆柱面内

续表

项目		公差带定义	标注和解释
对称度 ⚌	中心平面的对称度	公差带为间距等于公差值 t，对称于基准中心平面的两平行平面所限定的区域	提取(实际)中心面应限定在间距等于0.1 mm、对称于基准中心平面 A 的两平行平面之间
位置度 ⊕	点的位置度	公差值前加注符号 $S\phi$，公差带为直径等于公差值 $S\phi t$ 的圆球面所限定的区域。该圆球面中心的理论正确位置由基准 A 和 B 的理论正确尺寸确定	提取(实际)球心应限定在直径等于 $S\phi 0.1$ mm 的圆球面内。该圆球面中心的理论正确位置由基准 A 和 B 的理论正确尺寸确定
	线的位置度	公差值前标注符号 ϕ，公差带为直径等于公差值 ϕt 的圆柱面所限定的区域。该圆柱面轴线的位置由基准平面 A、B、C 的理论正确尺寸确定	提取(实际)中心线应限定在直径等于 $\phi 0.1$ mm 的圆柱面内。该圆柱面轴线的位置由基准平面 A、B、C 的理论正确尺寸确定

4.4.5　跳动公差与公差带

跳动公差是关联实际要素绕基准轴线回转一周或连续回转时所允许的最大跳动量,是按特定的测量方法定义的几何公差,包括圆跳动和全跳动。

圆跳动是指被测提取要素在无轴向移动的条件下绕基准轴线旋转一圈的过程中,由位置固定的指示表在给定的测量方向上对该实际被测要素测得的最大与最小示值之差。圆跳动包括径向圆跳动、轴向圆跳动和斜向圆跳动,被测要素分别为圆柱面、端面和圆锥面,基准要素均为轴线。

全跳动是指被测提取要素在无轴向移动的条件下绕基准轴线连续旋转的过程中,指示表与实际被测要素作相对直线运动,指示表在给定的测量方向上对该实际被测要素测得的最大与最小示值之差。全跳动包括径向全跳动和轴向全跳动,被测要素分别为圆柱面和端面,基准要素均为轴线。

与位置公差带一样,跳动公差带也有形状、大小和方位的要求,能够控制被测要素的形状误差和相对于基准的方向误差、位置误差。此外,跳动公差带的方向与位置也是固定的。

圆跳动、全跳动公差带的定义、标注和解释见表4.8。

表4.8　圆跳动、全跳动公差带的定义、标注和解释

项目		公差带定义	标注和解释
圆跳动	径向圆跳动	公差带为在任一垂直于基准轴线的横截面内、半径差等于公差值 t、圆心在基准轴线上的两同心圆所限定的区域	在任一垂直于公共基准轴线 *A-B* 的横截面内,提取(实际)圆应限定在半径差等于0.1 mm,圆心在公共基准轴线 *A-B* 上的两同心圆之间
	轴向圆跳动	公差带为与基准轴线同轴的任一半径的圆柱截面上,间距等于公差值 t 的两圆所限定的圆柱面区域	在与基准轴线 *A* 同轴的任一圆柱形截面上,提取(实际)圆应限定在轴向距离等于0.1 mm 的两个等圆之间

续表

项目	公差带定义	标注和解释
全跳动 斜向圆跳动	公差带为与基准轴线同轴的某一圆锥截面上,间距等于公差值 t 的两圆所限定的圆锥面区域。除另有规定外,测量方向应沿被测表面的法向 	在与基准轴线 A 同轴的任一圆锥面上,提取(实际)线应限定在素线方向间距等于 0.1 mm 的两不等圆之间
径向全跳动	公差带为半径差等于公差值 t,与基准轴线同轴的两圆柱面所限定的区域 	提取(实际)表面应限定在半径差等于 0.1 mm、与公共基准线 $A\text{-}B$ 同轴的两圆柱面之间 被测要素围绕公共基准线 $A\text{-}B$ 作若干次旋转,并在测量仪器与工件间同时作轴向相对移动,被测要素上各点间的示值差均不得大于 0.1 mm。测量仪器或工件必须沿着基准轴线方向并相对于公共基准轴线 $A\text{-}B$ 移动
轴向全跳动	公差带为间距等于公差值 t,垂直于基准轴线的两平行平面所限定的区域 	提取(实际)表面应限定在间距等于 0.1 mm、垂直于基准线 A 的两平行平面之间 被测要素围绕基准轴线 A 作若干次旋转,并在测量仪器与工件间作径向相对移动,被测要素上各点间的示值差均不得大于 0.1 mm。测量仪器或工件必须沿着轮廓具有理想正确形状的线和相对于基准轴线 A 的正确方向移动

4.5 误差评定

4.5.1 形状误差的评定准则

形状误差是被测提取要素的形状对其拟合要素的变动量,形状误差值小于或等于相应的公差值,则认为合格。然而,拟合要素相对于提取要素的位置不同,评定的形状误差值也不同。为了使评定结果唯一,同时使工件最大限度地达到合格,国家标准规定,评定形状误差的基本原则采用"最小条件"。

如图 4.15 所示,要确定其直线度误差,被测要素的拟合要素为直线,而提取要素是一条曲线,评定它的误差可用两条平行直线去包容提取要素,取两条平行直线间的距离作为形状误差。然而,这样的区域可以作出无数个(见 4.15 图中 A_1B_1、A_2B_2、A_3B_3),到底取哪一个区域的宽度作为直线度误差呢? 按最小条件,取既能包容提取要素而宽度又最小的那个区域(A_1B_1 一对平行线)的宽度 f_1 作为直线度误差。

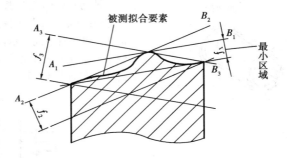

图 4.15 最小条件和最小区域

由此可知,最小条件是指被测提取要素对其拟合要素的最大变动量为最小,此时包容实际被测要素的区域为最小区域,此区域的宽度或直径就是形状误差的最大变动量,即为形状误差值。

最小区域如何判别呢? 它可根据被测提取要素与包容它的拟合要素的接触状态来判别,不同的形状误差,有不同的评定方法。

(1)直线度误差

在给定平面内,由两条平行直线包容实际被测线时,实际线应至少有高—低—高(或低—高—低)3 点与两包容直线接触,这个包容区就是最小区域,其宽度即为直线度误差,如图 4.16 所示。

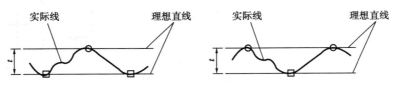

图 4.16 直线度的最小区域

（2）圆度误差

由两同心圆包容实际被测轮廓,实际圆轮廓应至少有内外交替 4 点与两包容圆接触,这个包容区就是最小区域 S,两圆的半径差即为圆度误差,如图 4.17 所示。

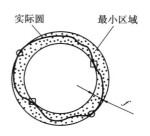

图 4.17　圆度的最小区域

（3）平面度误差

包容区域为两平行平面间的区域,被测平面至少有 3 点或 4 点分别与此两平行平面接触,且满足以下条件之一,包容区域即为最小区域,两平行平面间的距离即为平面度误差,如图 4.18所示。

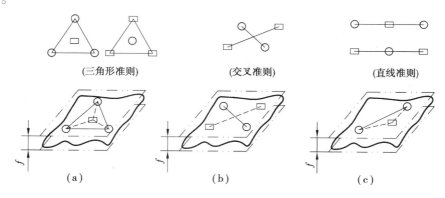

图 4.18　平面度的最小区域

1）三角形接触

至少有 3 点与一平面接触,有一点与另一平面接触,且该点的投影能落在由上述 3 点连成的三角形内（见图 4.18（a）)。

2）交叉接触

至少各有两点分别与两平行平面接触,且与同一平面接触的两点连成的直线与另一平面接触的两点连成的直线在空间呈交叉状态（见图 4.18（b）)。

3）直线接触

有两个最高（低）点和一个最低（高）点分别与两理想平面接触,且最低（高）点在另一表面上的投影位于两个最高（低）点的连线上（见图 4.18（c）)。

4.5.2　位置误差评定

位置误差是关联实际要素对其拟合要素的变动量。其大小常采用定向误差或定位误差表示,拟合要素的方向或位置由基准确定。

定向误差指被测提取要素对一具有确定方向的拟合要素的变动量,其值用定向最小包容区域（简称定向最小区域）的宽度或直径表示。定向最小区域是指按拟合要素的方向包容被测提取要素时,具有最小宽度或直径的包容区域。

定位误差指被测提取要素对一具有具体位置的拟合要素的变动量,拟合要素的位置由基准和理论正确尺寸确定,对于同轴度和对称度,理论正确尺寸为零。定位误差值用定位最小包容区域（简称定位最小区域）的宽度或直径表示。定位最小区域指以拟合要素定位包容被测提取要素时,具有最小宽度或直径的包容区域。

判定位置误差大小所采用的定向或定位最小包容区域与形状误差的最小包容区域概念是不同的,区别在于它必须能够在与基准保持给定几何关系的前提下使包容区域的宽度或直径为最小。位置误差的最小包容区域的形状和其对应的位置公差带的形状是完全相同的,最小包容区域的宽度(或直径)由被测提取要素本身决定,当它小于或等于位置公差带的宽度(或直径)时,被测要素才是合格的。

4.6　几何公差与尺寸公差的相关性要求

零件的尺寸误差和几何误差总是同时存在的,并且均对零件的装配性能和使用性能产生影响,两者既相互联系又相互影响。因此,必须明确尺寸公差和几何公差之间的内在联系和相互关系,以便准确地表达设计要求和正确判断零件是否合格。确定尺寸公差与几何公差之间的相互关系的原则称为公差原则,它分为独立原则和相关要求两大类。

4.6.1　有关公差原则的基本概念

(1)提取组成要素的局部尺寸(简称实际尺寸 d_a、D_a)

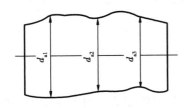

图 4.19　实际尺寸

实际尺寸是在实际要素的任意截面上,两对应点之间测得的距离(见图 4.19),各处实际尺寸往往不同。

(2)最大实体状态和最大实体尺寸

假设提取组成要素的局部尺寸处处位于极限尺寸且使其具有实体最大时的状态,称为最大实体状态。

确定要素最大实体状态下的尺寸称为最大实体尺寸。对于外表面,最大实体尺寸为上极限尺寸 d_{max},用符号 d_M 表示;对于内表面,最大实体尺寸为下极限尺寸 D_{min},用符号 D_M 表示,即

$$d_M = d_{max} \qquad D_M = D_{min}$$

(3)最小实体状态和最小实体尺寸

假设提取组成要素的局部尺寸处处位于极限尺寸且使其具有实体最小时的状态,称为最小实体状态。

确定要素最小实体状态下的尺寸称为最小实体尺寸。对于外表面,最小实体尺寸为下极限尺寸 d_{min},用符号 d_L 表示;对于内表面,最小实体尺寸为上极限尺寸 D_{max},用符号 D_L 表示,即

$$d_L = d_{min} \qquad D_L = D_{max}$$

(4)最大实体实效状态和最大实体实效尺寸

拟合要素的尺寸为其最大实体实效尺寸时的状态,称为最大实体实效状态。

尺寸要素的最大实体尺寸与其导出要素的几何公差(形状、方向或位置)共同作用产生的尺寸称为最大实体实效尺寸。

对于外表面,最大实体实效尺寸等于最大实体尺寸 d_M 与几何公差值 t 之和,用符号 d_{MV} 表示;对于内表面,最大实体实效尺寸为最大实体尺寸 D_M 与几何公差值 t 之差,用符号 D_{MV} 表示,即

$$d_{MV} = d_M + t \qquad D_{MV} = D_M - t$$

（5）最小实体实效状态和最小实体实效尺寸

拟合要素的尺寸为其最小实体实效尺寸时的状态,称为最小实体实效状态。

尺寸要素的最小实体尺寸与其导出要素的几何公差(形状、方向或位置)共同作用产生的尺寸称为最小实体实效尺寸。

对于外表面,最小实体实效尺寸等于最小实体尺寸 d_L 与几何公差值 t 之差,用符号 d_{LV} 表示;对于内表面,最小实体实效尺寸为最小实体尺寸 D_M 与几何公差值 t 之和,用 D_{LV} 表示(见图4.20),即

$$d_{LV} = d_L - t \qquad\qquad D_{LV} = D_M + t$$

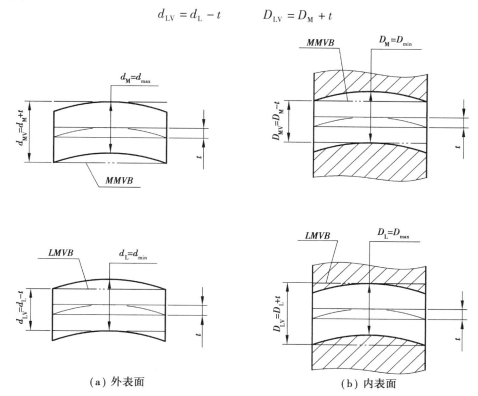

（a）外表面　　　　　　　　　　　（b）内表面

图4.20　最大、最小实体实效尺寸及边界

（6）理想边界

理想边界是设计时给定的,用于控制实际要素作用尺寸的极限边界。设计时,根据零件的功能和经济性要求,一般给出以下4种理想边界(见图4.20):

①最大实体边界(MMB):最大实体状态的理想形状的极限包容面。

②最大实体实效边界(MMVB):最大实体实效状态对应的极限包容面。

③最小实体边界(LMVB):最小实体状态的理想形状的极限包容面。

④最大实体实效边界(LMVB):最小实体实效状态对应的极限包容面。

4.6.2　独立原则

被测要素在图样上给出的尺寸公差与几何公差各自独立、分别满足要求的公差原则称为独立原则。独立原则是标注几何公差和尺寸公差相互关系的基本公差原则,多数机械零件的几何精度都遵循此原则,按此原则标注时,对尺寸公差和几何公差分别标注,图样上不附加任

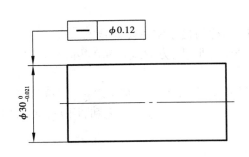

图 4.21　独立原则的标注示例

何标注。

如图 4.21 所示为独立原则的标注示例,其中表示轴的提取组成要素的局部尺寸应为 $\phi29.979 \sim \phi30$ mm,不管实际尺寸为何值,轴线的直线度误差都不允许大于 $\phi0.12$ mm。

独立原则适用范围较广,以下 3 种情况都适用独立原则:

①尺寸精度和几何精度要求都较严,且需要分别满足要求。如齿轮箱体孔,为保证与轴承的配合性质和齿轮的正确啮合,要分别保证孔的尺寸精度和孔心线的平行度要求。

②尺寸精度与几何精度要求相差较大。如印刷机的滚筒、轧钢机的轧辊等零件,尺寸精度要求低,圆柱度要求较高;平板尺寸精度要求低,平面度要求高,此时应分别提出要求。

③为保证运动精度、密封性等特殊要求,通常单独提出与尺寸精度无关的几何公差要求。如机床导轨为保证运动精度,直线度要求最严,尺寸精度要求其次;汽缸套内孔为保证与活塞环在直径方向的密封性,圆度或圆柱度公差要求严,需要单独保证。

其他尺寸公差与几何公差无联系的零件,也可采用独立原则。

4.6.3　相关要求

相关要求是指图样上给定的尺寸公差与几何公差相互关联,用理想边界控制实际要素作用尺寸的公差原则。相关要求分为包容要求、最大实体要求、最小实体要求和可逆要求,其中可逆要求不能单独采用,只能与最大实体要求或最小实体要求一起应用。

(1)包容要求

包容要求主要用于单一要素,如圆柱体表面,标注时需在尺寸极限偏差或公差带代号之后加注符号 Ⓔ,如图 4.22(a)所示。

包容要求表示提取组成要素不得超过其最大实体边界,同时提取组成要素的局部尺寸不得超出最小实体尺寸,即

对于外表面:
$$d_{fe} \leq d_M(d_{max}) \qquad d_a \geq d_L(d_{min})$$

对于内表面:
$$D_{fe} \geq D_M(D_{min}) \qquad D_a \leq D_L(D_{max})$$

如图 4.22 所示,当轴的实际尺寸处处为最大实体尺寸($\phi30$ mm)时,其几何公差值为零;当实际尺寸偏离最大实体尺寸时,允许的几何误差可以相应增加,增加量为实际尺寸与最大实体尺寸之差(绝对值),其最大增加量等于尺寸公差,此时实际尺寸应处处为最小实体尺寸(见图 4.22(b)中实际尺寸为 $\phi29.97$ mm 时,允许轴心线直线度误差为 $\phi0.03$ mm),这表明,尺寸公差可以转化为几何公差。

如图 4.22(c)所示为标注示例的动态公差图,此图表达了实际尺寸与几何公差变化的关系。图中横坐标表示实际尺寸,纵坐标表示几何公差(直线度),粗的斜线为相关线。如图 4.22(c)虚线所示,当实际尺寸为 29.98 mm,偏离最大实体尺寸($\phi30$ mm)0.02 mm 时,允许直线度误差为 0.02 mm。

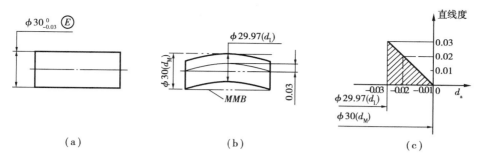

图 4.22　包容要求图解

由此可见,包容要求是将尺寸和几何误差同时控制在尺寸公差范围内的一种公差要求,主要用于必须保证配合性质的场合,用最大实体边界保证必要的最小间隙或最大过盈,用最小实体尺寸防止间隙过大或过盈过小。

（2）最大实体要求及其可逆要求

1）最大实体要求用于被测要素

最大实体要求用于被测要素时,被测要素的几何公差值是在该要素处于最大实体状态时给定的。当被测要素的实际轮廓偏离其最大实体状态,即实际尺寸偏离最大实体尺寸时,允许的几何误差值可以增加,偏离多少,就可增加多少,其最大增加量等于被测要素的尺寸公差,从而实现尺寸公差向几何公差转化。

当被测要素采用最大实体要求时,图样上在几何公差值后标注 Ⓜ,如图 4.23（a）所示。

最大实体要求用于被测要素时,被测要素应遵守最大实体实效边界,即外尺寸要素不得超越最大实体实效尺寸,且局部实际尺寸在最大与最小实体尺寸之间,即

对于外表面:

$$d_{fe} \leqslant d_{MV} = d_{max} + t \qquad d_{max} \geqslant d_a \geqslant d_{min}$$

对于内表面:

$$D_{fe} \geqslant D_{MV} = D_{min} - t \qquad D_{max} \geqslant D_a \geqslant D_{min}$$

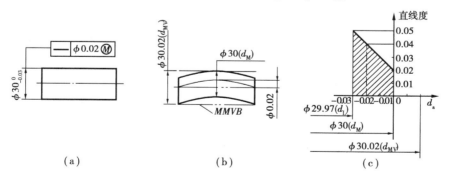

图 4.23　最大实体要求用于被测要素

如图 4.23（a）所示,轴的最大实体尺寸为 $\phi30$ mm,此时轴线的直线度公差值为 0.02 mm,轴的最大实体实效尺寸为 30.02 mm（见图 4.23（b））。其动态公差图如图 4.23（c）所示,从图中可见,随着实际尺寸的减小,允许的直线度误差相应增大,若尺寸为 $\phi29.98$ mm（偏离 $d_M 0.02$ mm）,则允许的直线度误差为 $\phi0.02$ mm + $\phi0.02$ mm = $\phi0.04$ mm;当实际尺寸为最小实体尺寸 $\phi29.97$ mm 时,允许直线度误差为最大（$\phi0.02$ mm + $\phi0.03$ mm = $\phi0.05$ mm）。

最大实体要求适用于导出要素,主要用在仅需要保证零件可装配性的场合,例如,用于穿过螺栓的通孔的位置度。

2)可逆要求用于最大实体要求

图样上几何公差框格中,在被测要素几何公差值后的符号Ⓜ后标注Ⓡ时,则表示被测要素遵守最大实体要求的同时遵守可逆要求（见图4.24(a)）。

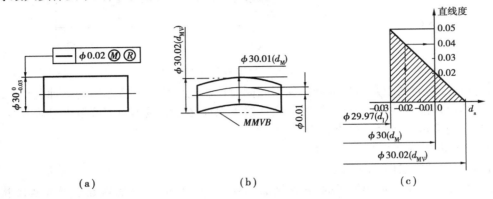

图4.24　可逆要求用于最大实体要求

可逆要求用于最大实体要求,除了具有上述最大实体要求用于被测要素时的含义(当被测要素实际尺寸偏离最大实体尺寸时,允许其几何误差增大,即尺寸公差向几何公差转化)外,还表示当几何误差小于给定的几何公差时,也允许实际尺寸超出最大实体尺寸;当几何误差为零时,允许尺寸的超出量最大,为几何公差值,从而实现尺寸公差与几何公差相互转换的可逆要求,此时,被测要素仍然遵守最大实体实效边界。

如图4.24(a)所示,轴线直线度公差 $\phi0.02$ mm 是在轴的尺寸为最大实体尺寸 $\phi30$ mm 时给定的,当轴的尺寸小于 $\phi30$ mm 时,直线度误差的允许值可以增大,例如,尺寸为 $\phi29.98$ mm,则允许的直线度误差为 $\phi0.04$ mm,当实际尺寸为最小实体尺寸 $\phi29.97$ mm 时,允许的直线度误差最大,为 $\phi0.05$ mm;当轴线的直线度误差小于图样上给定的 $\phi0.02$ mm 时,如为 $\phi0.01$ mm,则允许其实际尺寸大于最大实体尺寸 $\phi30$ mm 而达到 $\phi30.01$ mm(见图4.24(b));当直线度误差为零时,轴的实际尺寸可达到最大值,即等于最大实体实效边界尺寸 $\phi30.02$ mm。如图4.24(c)所示为上述关系的动态公差图。

3)最大实体要求用于基准要素

图样上公差框格中基准字母后标注符号Ⓜ时,表示最大实体要求用于基准要素（见图4.25）。国家标准规定,基准导出要素采用最大实体要求时,其提取组成要素应遵守最大实体实效边界;基准导出要素不采用最大实体要求时,基准要素的提取组成要素应遵守最大实体边界。

(3)最小实体要求及其可逆要求

最小实体要求用符号Ⓛ表示,其标注形式如图4.26所示,图4.26(a)表示最小实体要求用于被测要素,图4.26(b)表示最小实体要求同时用于被测要素和基准要素。

1)最小实体要求用于被测要素

最小实体要求用于被测要素时,被测要素的几何公差是在该要素处于最小实体状态时给定的。当被测要素的实际轮廓偏离其最小实体状态,即实际尺寸偏离最小实体尺寸时,允许的

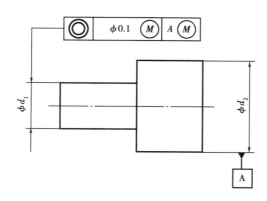

图 4.25　最大实体要求同时用于被测要素和基准要素

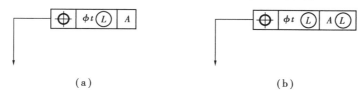

（a）　　　　　　　　　　　　　　　　（b）

图 4.26　最小实体要求的标注形式

几何误差值可以增加,偏离多少,就可增加多少,其最大增加量等于被测要素的尺寸公差,从而实现尺寸公差向几何公差转化。最小实体要求适用于导出要素,用于保证零件的最小壁厚和必要的强度要求。

最小实体要求用于被测要素时,被测要素应遵守最小实体实效边界,即被测要素的实际轮廓处处不得超越其最小实体实效边界,也就是其内尺寸要素不应超出最小实体实效尺寸,且局部实际尺寸在最大与最小实体尺寸之间,即

对于外表面:

$$d_{fi} \geqslant d_{LV} = d_{min} - t \qquad d_{max} \geqslant d_a \geqslant d_{min}$$

对于内表面:

$$D_{fi} \leqslant D_{LV} = D_{max} + t \qquad D_{max} \geqslant D_a \geqslant D_{min}$$

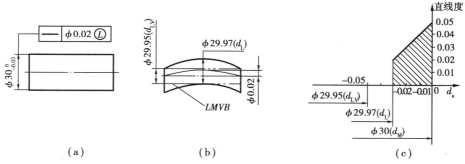

（a）　　　　　　　　　　（b）　　　　　　　　　　（c）

图 4.27　最小实体要求用于被测要素

如图 4.27 所示,当轴的实际尺寸为最小实体尺寸 $\phi 29.97$ mm 时,轴心线的直线度公差为给定的 $\phi 0.02$ mm(见图 4.27(b))。当轴的实际尺寸偏离最小实体尺寸时,直线度误差允许增大,即尺寸公差向几何公差转化;当轴的实际尺寸为最大实体尺寸 $\phi 30$ mm 时,直线度误差

允许达到最大值 $\phi 0.02$ mm + $\phi 0.03$ mm = $\phi 0.05$ mm。图4.27(c)所示为其动态公差图。

2)可逆要求用于最小实体要求

图样上几何公差框格在被测要素几何公差值后的符号ⓛ后标注Ⓡ时,则表示被测要素遵守最小实体要求的同时遵守可逆要求。

可逆要求用于最小实体要求,除了具有上述最小实体要求用于被测要素时的含义外,还表示当几何误差小于给定的几何公差时,也允许实际尺寸超出最小实体尺寸;当几何误差为零时,允许尺寸的超出量最大,为几何公差值,从而实现尺寸公差与几何公差的相互转换。此时,被测要素仍然遵守最小实体实效边界。

4.7 几何公差的选择

在机械零件的几何精度设计中,正确地选用几何公差项目,合理确定几何公差数值,对提高产品的质量以及降低成本,具有十分重要的意义。几何公差的选择主要包括正确选择公差项目、公差数值(或公差等级)、基准和公差原则等。

4.7.1 几何公差项目的选择

选择几何公差项目的基本原则是在保证零件使用性能的前提下,尽量减少公差项目的数量,并尽量简化控制几何误差的方法。选择时,主要考虑以下几个方面:

(1)零件的几何特征

几何公差项目主要是按要素的几何形状特征制订的,因此要素的几何形状特征是几何公差项目选择的基本依据。例如,圆柱形零件可选圆度、圆柱度,阶梯轴可选同轴度,平面零件可选平面度,机床导轨这类窄长零件可选直线度,凸轮类零件可选轮廓度,等等。

(2)零件的使用要求

例如,机床导轨的直线度误差会影响与其结合零件的运动精度,因此可对其规定直线度公差;减速箱上各轴承孔轴线间的平行度误差会影响齿轮的啮合精度和齿侧间隙的均匀性,因此可对其轴线规定平行度公差。

(3)几何公差的控制功能

应尽量选择具有综合控制功能的几何公差,以减少公差项目。例如,选择定向公差可以控制与其有关的形状误差;选择定位公差可以控制与其有关的定向误差和形状误差;选择跳动公差可以控制与其有关的定位、定向和形状误差。

(4)检测的方便性

同轴度公差常常被径向圆跳动公差或径向全跳动公差代替;端面对轴线的垂直度公差可以用端面圆(全)跳动公差代替,这是因为跳动公差检测方便,而且与工作状态比较吻合。

4.7.2 几何公差值的确定

根据零件的使用要求确定几何公差值,同时要考虑到加工的经济性和零件的结构、刚性等情况。几何公差值的大小由几何公差等级确定(结合主参数),在国家标准中将几何公差划分为12个等级,1级精度最高,依次递减,12级精度最低。表4.9—表4.12给出了各种几何公差项目的标准公差值(摘自 GB/T 1184—1996)。

表4.9　直线度、平面度公差值/μm

主参数 L /mm	公差等级											
	1	2	3	4	5	6	7	8	9	10	11	12
≤10	0.2	0.4	0.8	1.2	2	3	5	8	12	20	30	60
>10~16	0.25	0.5	1	1.5	2.5	4	6	10	15	25	40	80
>16~25	0.3	0.6	1.2	2	3	5	8	12	20	30	50	100
>25~40	0.4	0.8	1.5	2.5	4	6	10	15	25	40	60	120
>40~63	0.5	1	2	3	5	8	12	20	30	50	80	150
>63~100	0.6	1.2	2.5	4	6	10	15	25	40	60	100	200
>100~160	0.8	1.5	3	5	8	12	20	30	50	80	120	250

表4.10　圆度、圆柱度公差值/μm

主参数 d(D) /mm	公差等级												
	0	1	2	3	4	5	6	7	8	9	10	11	12
≤3	0.1	0.2	0.3	0.5	0.8	1.2	2	3	4	6	10	14	25
>3~6	0.1	0.2	0.4	0.6	1	1.5	2.5	4	5	8	12	18	30
>6~10	0.12	0.25	0.4	0.6	1	1.5	2.5	4	6	9	15	22	36
>10~18	0.15	0.25	0.5	0.8	1.2	2	3	5	8	11	18	27	43
>18~30	0.2	0.3	0.6	1	1.5	2.5	4	6	9	13	21	33	52
>30~50	0.25	0.4	0.6	1	1.5	2.5	4	7	11	16	25	39	62
>50~80	0.3	0.5	0.8	0.2	2	3	5	8	13	19	30	46	74

表4.11　平行度、垂直度、倾斜度公差值/μm

主参数 L, d(D)/mm	公差等级											
	1	2	3	4	5	6	7	8	9	10	11	12
≤10	0.4	0.8	1.5	3	5	8	12	20	30	50	80	120
>10~16	0.5	1	2	4	6	10	15	25	40	60	100	150
>16~25	0.6	1.2	2.5	5	8	12	20	30	50	80	120	200
>25~40	0.8	1.5	3	6	10	15	25	40	60	100	150	250
>40~63	1	2	4	8	12	20	30	50	80	120	200	300
>63~100	1.2	2.5	5	10	15	25	40	60	100	150	250	400
>100~160	1.5	3	6	12	20	30	50	80	120	200	300	500

表 4.12　同轴度、对称度、圆跳动和全跳动公差值/μm

主参数 $d(D)$、 B、L/mm	公差等级											
	1	2	3	4	5	6	7	8	9	10	11	12
≤1	0.4	0.6	1.0	1.5	2.5	4	6	10	15	25	40	60
>1~3	0.4	0.6	1.0	1.5	2.5	4	6	10	20	40	60	120
>3~6	0.5	0.8	1.2	2	3	5	8	12	25	50	80	150
>6~10	0.6	1	1.5	2.5	4	6	10	15	30	60	100	200
>10~18	0.8	1.2	2	3	5	8	12	20	40	80	120	250
>18~30	1	1.5	2.5	4	6	10	15	25	50	100	150	300
>30~50	1.2	2	3	5	8	12	20	30	60	120	200	400
>50~120	1.5	2.5	4	6	10	15	25	40	80	150	250	500

　　设计零件时,常用类比法确定几何公差等级,表4.13—表4.16列出了部分几何公差等级的适用场合,供选用时参考。

表 4.13　直线度、平面度公差等级应用

公差等级	应用举例
5	1 级平板,2 级宽平尺,平面磨床纵导轨、垂直导轨、立柱导轨和平面磨床的工作台,液压龙门刨床和转塔车床床身导轨面,柴油机进气门导杆
6	普通机床导轨面,柴油机进气门导杆直线度,柴油机机体上部结合面
7	2 级平板,0.02 游标卡尺尺身的直线度,机床床头箱体,滚齿机床身导轨的直线度,镗床工作台,摇臂钻底座工作台,柴油机气门导杆,液压泵盖的平面度,压力机导轨及滑块
8	2 级平板,车床溜板箱体,机床主轴箱体,机床传动箱体,自动床底座的直线度,汽缸盖结合面,汽缸座,内燃机连杆分离面的平面度,减速机壳体的结合面
9	3 级平板,自动车床床身底面,摩托车曲轴箱体,汽车变速箱壳体,手动机械的支撑面

表 4.14　圆度、圆柱度公差等级应用

公差等级	应用举例
5	一般测量仪器主轴、测杆外圆面,陀螺仪轴颈,一般机床主轴轴颈及其轴承孔,柴油机、汽油机活塞、活塞销孔,与 6 级滚动轴承配合的轴颈
6	仪表端盖外圆,一般机床主轴及箱体孔,中等压力下液压装置工作面(包括泵、压缩机的活塞和汽缸),汽车发动机凸轮轴,纺织定子,通用减速器轴颈,高速船用发动机曲轴,拖拉机曲轴主轴颈
7	大功率低速柴油机曲轴轴颈、活塞、活塞销、连杆、汽缸,高速柴油机箱体轴承孔,千斤顶或压力油缸活塞,机车传动轴,水泵及通用减速器转轴轴颈
8	低速发动机、减速器、大功率曲柄轴轴颈,压气机连杆盖、体,拖拉机汽缸体、活塞,炼胶机冷铸轴辊,印刷机传墨辊,内燃机曲轴,柴油机机体孔,凸轮轴,拖拉机、小型船用柴油机汽缸
9	空气压缩机缸体,液压传动筒,通用机械杠杆与拉杆用套筒销子,拖拉机活塞环、套筒环

表 4.15　平行度、垂直度公差等级应用

公差等级	应用举例	
	平行度	垂直度
4、5	普通机床、测量仪器、量具及模具的基准面,高精度轴承座圈、端盖、挡圈的端面,机床主轴孔对端面的要求,重要轴承孔对基准面要求,床头箱重要孔间要求,一般减速器壳体孔、齿轮泵的轴孔端面等	普通机床导轨,精密机床重要零件,机床重要支撑面,普通机床主轴偏摆,发动机轴和离合器的凸缘,汽缸的支承端面,装 4、5 级轴承的箱体的凸肩
6、7、8	一般机床零件的工作面或基准,压力机和锻锤的工作面,中等精度钻模的工作面,一般刀、量、模具,机床一般轴承孔对基准面的要求,床头箱一般孔间要求,汽缸轴线,变速器箱体孔,主轴花键对定心直径,重型机械轴承盖的端面,卷扬机、手动传动装置中的传动轴	低精度机床主要基准面和工作面,回转工作台端面跳动,一般导轨,主要箱体孔,刀架、砂轮架及工作台回转中心,机床轴肩、汽缸配合面对基准轴线,活塞销孔对活塞中心线以及装 0 级、6 级轴承壳体孔的轴线等

表 4.16　同轴度、对称度、圆跳动和全跳动公差等级应用

公差等级	应用举例
5、6、7	应用广泛的公差等级,用于精度要求较高、尺寸公差等级高于 IT8 的零件。5 级常用于机床轴颈,测量仪器的测量杆,汽轮机主轴,柱塞油泵转子,高精度滚动轴承外圈,一般精度轴承内圈;6 级、7 级用于内燃机曲轴、凸轮轴轴颈,水泵轴,齿轮轴,汽车后桥输出轴,电机转子,0 级精度一般用于滚动轴承内圈,印刷机传墨辊等
8、9	常用于几何精度要求一般,尺寸公差等级 IT11—IT9 的零件。8 级用于拖拉机发动机分配轴轴颈,与 9 级精度以下齿轮相配的轴,水泵叶轮,离心泵体,棉花精梳机前后滚子,键槽等;9 级用于内燃机汽缸套配合面,自行车中轴

按类比法确定几何公差值(公差等级)时,还应考虑以下 4 个问题:

①零件的结构特点。对于结构复杂、刚性较差(如细长轴)的零件以及宽度较大的零件表面,由于加工困难,容易产生较大的几何误差,可适当选用低 1~2 级的公差等级。

②同一要素的形状公差、位置公差、方向公差和尺寸公差间的关系。除满足相关要求外,一般情况下,同一要素的各公差之间应满足以下关系,即

$$t_{形状} < t_{方向} < t_{位置} < T_{尺寸}$$

③形状公差与表面粗糙度的关系。一般情况下,形状公差 $t_{形状}$ 与表面粗糙度 R_a 之间的关系为 $R_a = (0.2 \sim 0.3)t_{形状}$;对于高精度及小尺寸零件,$R_a = (0.5 \sim 0.7)t_{形状}$。

④凡有关标准已对几何公差作出规定的,如与滚动轴承相配的轴和壳体孔的圆柱度公差、机床导轨的直线度公差、齿轮箱体孔心线的平行度公差等,都应按相应标准规定。

4.7.3　基准的选择

基准是确定关联要素间方向或位置的依据,在考虑选择位置公差项目时,必然同时考虑要采用的基准。基准的选择包括以下 4 个方面:

①选用零件在机器中定位的结合面作为基准部位。例如,箱体的底平面和侧面、盘类零件的轴线、回转零件的支承轴径或支承孔等。

②基准要素应具有足够的刚度和大小,以保证定位稳定可靠。例如,用两条或两条以上相距较远的轴线组合成公共基准轴线比一条基准轴线要稳定。

③选用加工比较精确的表面作为基准部位。

④尽量统一装配、加工和检测基准,以减小误差和量夹具的设计与制造,并方便测量。

通常定向公差项目只需要单一基准,定位公差项目中的同轴度、对称度的基准可以是单一基准,也可以是组合基准,而位置度则多采用三基面体系。

4.7.4 公差原则和公差要求的选择

公差原则和公差要求的选择也是公差选择的一项重要内容,这部分内容已在前面相关内容中叙述,这里不再重复。

4.7.5 几何公差选用标注举例

选择几何公差时应根据功能要求确定几何公差项目,参考几何公差与尺寸公差、表面粗糙度、加工方法的关系,再结合实际情况修正后确定出公差等级,同时选择基准要素和标注方法。

如图 4.28 所示为减速器的输出轴,根据对该轴的功能要求,给出了有关几何公差。两轴

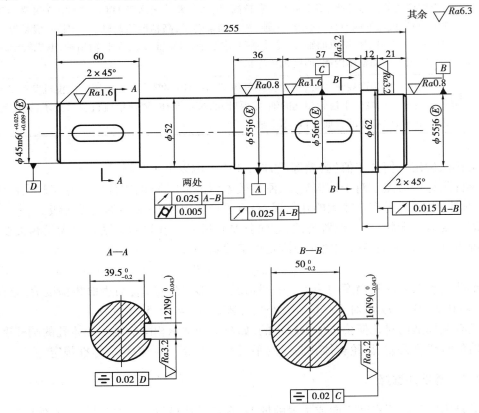

图 4.28 输出轴上几何公差标注示例

径 $\phi55j6$ 与 5 级滚动轴承内圈相配合,为了保证配合性质,采用包容要求;按 GB/T 275—93 规定,与 5 级滚动轴承配合的轴径,为保证配合轴承的几何精度,在遵守包容要求的前提下,又进一步提出圆柱度公差 0.005 mm 的要求;该轴两轴颈上安装滚动轴承后,将分别与减速器箱体的两孔配合,因此需限制两轴径的同轴度误差,以免影响轴承外圈和箱体孔的配合,故又给出了两轴径的径向圆跳动公差 0.025 mm(相当于公差等级 7 级);$\phi62$ mm 处的两轴肩都是止推面,起一定的定位作用,参考 GB/T 275—93 规定,提出两轴肩相对于基准轴线 A—B 的轴向圆跳动公差 0.015 mm。

$\phi56r6$ 和 $\phi45m6$ 分别与齿轮和带轮配合,为保证配合性质,也采用包容要求;为保证齿轮的正确啮合,对安装齿轮的 $\phi56r6$ 的圆柱还提出对基准 A-B 的径向圆跳动公差 0.025 mm,此外,对 $\phi56r6$ 和 $\phi45m6$ 轴径上的键槽 16N9 和 12N9 都提出了 8 级对称度公差,公差值为 0.02 mm。

4.8　几何公差的检测原则

几何误差可运用多种方法进行检测,国家标准《形状和位置公差检测规定》(GB/T 1958—2004)将常用的各种测量方法概括为以下 5 种检测原则:

4.8.1　与拟合要素比较原则

与拟合要素比较原则是指测量时将被测提取要素与相应的拟合要素作比较,用直接或间接测量方法获得几何误差值。

该检测原理在几何误差测量中的应用最广泛。测量时,拟合要素用模拟方法来体现。例如,理想直线可用刀口尺的刃口、平尺的工作面、一条拉紧的钢丝来模拟;理想平面可以用平台或平板的工作面来模拟。如图 4.29 所示为用刀口尺测量直线度误差,就是以刃口作为理想直线,被测直线与刀口尺比较,根据光隙的大小来判断直线度误差。

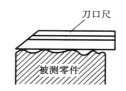

图 4.29　用刀口尺测量直线度误差

4.8.2　测量坐标值原则

测量坐标值原则是指利用计量器具的坐标系,测出被测提取要素上各测点对该坐标系的坐标值,再经过计算确定几何误差值。

如图 4.30 所示,将被测零件安放在坐标测量仪上,使前者的基准 A 和 B 分别与后者测量系统的 X 和 Y 坐标轴方向一致,然后测出孔轴线 S 的实际坐标值 (x,y),将该两坐标值分别减去确定孔轴线理想位置的理论正确尺寸 $\boxed{L_x}$、$\boxed{L_y}$,得到实际坐标值对理论坐标值的偏差 $\Delta x = x - L_x$,$\Delta y = y - L_y$,于是被测轴线的位置度误差 ϕf 可得

$$\phi f = 2\sqrt{(\Delta x)^2 + (\Delta y)^2}$$

4.8.3　测量特征参数原则

测量特征参数原则是指测量被测提取要素上具有代表性的参数,用它表示几何误差值。

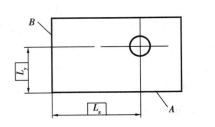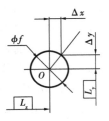

图 4.30　用测量坐标值原则测量位置度误差

应用这种检测原则测得的几何误差值通常不是符合定义的误差值,而是近似值。例如,用两点法测量圆柱面的圆度误差,在一个横截面内的几个方向上测量直径,取最大的直径差值的一半作为该截面内的圆度误差值。这样评定的圆度误差值不符合最小区域的定义,只是一个近似值,但应用该原则往往可简化测量过程和设备,也不需要复杂的数据处理,经济实用,一般用于生产现场。

4.8.4　测量跳动原则

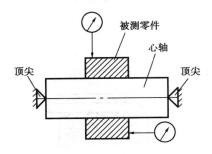

图 4.31　径向和轴向圆跳动的测量

测量跳动原则是指被测提取要素绕基准轴线回转过程中,沿给定方向测量其对某参考点或线的变动量。跳动是按特定的测量方法来定义的位置误差项目,测量跳动原则是针对测量圆跳动和全跳动的方法概括而成的检测原则。如图 4.31 所示为径向圆跳动和轴向圆跳动的测量示意图。被测零件以其基准孔安装在心轴上(无间隙配合),再将心轴安装在同轴两顶尖间,基准轴线用这两顶尖的公共轴线模拟体现,后者也是测量基准。实际被测圆柱面绕基准轴线回转一周过程中,圆柱面的同轴度误差和形状误差使位置固定的指示表的测头作径向移动,指示表最大与最小示值之差即为径向圆跳动的数值。实际被测端面绕基准轴线回转一周过程中,位置固定的指示表的测头作轴向移动,指示表最大与最小示值之差即为轴向圆跳动的数值。

4.8.5　控制实效边界原则

按包容要求或最大实体要求给出几何公差时,就给定了最大实体边界或最大实体实效边界,要求被测要素的实际轮廓不得超出该边界。控制实效边界原则是检验被测提取要素是否超过实效边界,以判断合格与否。例如,可用光滑极限量规或功能量规模拟图样上给定的理想边界,来检验实际被测要素,若被测要素的实际轮廓能被量规通过,则表示合格,否则为不合格。

如图 4.32(a)所示零件的同轴度误差用如图 4.32(b)所示的功能量规(同轴度量规)检验。零件被测要素的最大实体实效边界尺寸 VS_2 为 $\phi25.04$ mm,故量规测量部分(模拟该最大实体实效边界)的孔径定形尺寸也为 $\phi25.04$ mm。零件基准要素的最大实体边界尺寸 MMS_1 为 $\phi50$ mm,故量规定位部分(模拟该最大实体边界)的孔径定形尺寸也为 $\phi50$ mm。显然,若零件被测提取要素和基准要素的实际轮廓皆未超出图样上给定的理想边界,则它们就能被位置量规通过。

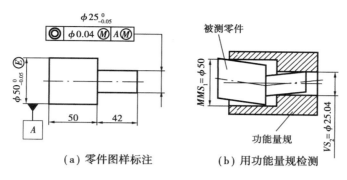

（a）零件图样标注　　（b）用功能量规检测

图 4.32　理想边界控制原则应用示例

4.9　几何误差的测量

前面已学过几何公差的相关知识,那么如何检测工件的形状、方向、位置和跳动误差呢?可根据表 4.17 的要求,选择适当的计量器具,确定测量部位和测量次数、处理相关的数据并判断工件是否合格。

表 4.17　零件测量报告

检测项目	图纸要求			使用器具规格	实测结果	结　论
平行度	//	0.05	B			
	//	0.04	C			
垂直度	⊥	0.05	C			
	⊥	0.04	B			
对称度	⹀	0.025	C			
圆跳动	↗	0.03	C-D			
	↗	0.01	C-D			

（1）测量器具

在检验零件几何误差时会用到以下计量器具:检验平板、方框水平仪、V 形铁、偏摆仪、百分表（千分表）、磁性表座、宽座角尺、厚薄规等。

①刀口形直尺

刀口形直尺也称刀口尺,是用光隙法检验直线度或平面度的直尺,如图4.33所示。常用的刀口尺规格有125 mm、175 mm、225 mm和300 mm等。检测时,将刀口尺的刀口与被检测平面接触,并在尺后放置一光源,然后从尺的侧面观察被检测平面与刀口之间的漏光大小,以此来判断误差情况。

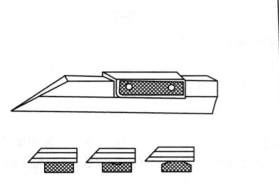

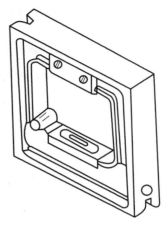

图4.33　刀口尺　　　　　　　　　　图4.34　方框水平仪

②方框水平仪

方框水平仪结构如图4.34所示,水平仪上方有弧形玻璃管,表面上有刻线,内装乙醚(或酒精),并留有一个水准泡,水准泡总是停留在玻璃管内的最高处。若水平仪倾斜一个角度,气泡就向左或向右移动,根据气泡移动的距离(格数),直接或通过计算即可知道被测工件的直线度、平面度或垂直度误差。方框水平仪框架的测量面有平面和V形槽两种,其中V形槽用于在圆柱面上测量。

方框水平仪使用注意事项如下:

a.框架水平仪的两个V形测量面是测量精度的基准,在测量中不能与工件的粗糙面接触或摩擦。安放时必须小心轻放,避免因测量面划伤而损坏水平仪或造成不应有的测量误差。

b.用框架水平仪测量工件的垂直面时,不能握住与副侧面相对的部位,而用力向工件垂直平面推压,这样会使水平仪产生受力变形,从而影响测量的准确性。正确的测量方法是用手握持副侧面内侧,使水平仪平稳、垂直地(调整气泡位于中间位置)贴在工件的垂直平面上,然后从纵向水准读出气泡移动的格数。

c.使用水平仪时,要保证水平仪工作面和工件表面的清洁,以避免因附着物的存在而影响测量的准确性。测量水平面时,在同一个测量位置上,应将水平仪调过相反的方向再进行测量。当移动水平仪时,不允许水平仪工作面与工件表面发生摩擦,应该提起来放置。

水平仪常用来检测各种机床(如钻机)工作台面的水平度,一般测量前后和左右两个平面。一般测量单位为0.02/1 000 mm,表示1 m偏差0.02 mm。如气泡偏左3格,则表明机台左边高了0.06 mm,此时可通过将左边降低一点或右边升高一点的方式来调整。

③塞尺(厚薄规)

塞尺是用来检查两贴合面之间间隙的薄片量尺,如图4.35所示。

塞尺是由一组薄钢片组成的,每片的厚度为 0.01 ~ 0.08 mm,测量时用厚薄尺直接塞进两贴合面间的间隙,当一片或数片能塞进时,则此一片或数片的厚度(可由每片片身上的标记直接读出)即为两贴合面的间隙值。

使用塞尺测量时,选用的薄片越薄越好,而且必须先擦干净尺面和被测面,测量时不能使劲硬塞,以免尺片弯曲和折断。

④偏摆仪

偏摆仪是用来检测回转体各种跳动指标的必备仪器,它除了能检测圆柱状和盘状零件的径向跳动和轴向跳动外,安装上相应的附件后,还可用来检测管类零件的径向和轴向跳动。

使用时,将被测零件的中心孔和偏摆仪上两顶尖擦干净,然后将零件的中心孔插入顶尖,使零件在偏摆仪上不能有轴向窜动,但转动自如,如图 4.36 所示。

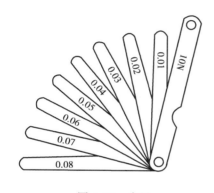

图 4.35 塞尺

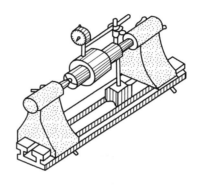

图 4.36 偏摆仪

⑤检验平板

检验平板主要有铸铁平板和大理石平板两种,生产车间主要使用铸铁平板。检验平板几乎适用于各种检验工作,例如,检验零件的尺寸精度,用于平行度、垂直度等检测工作的基准平面,作为机床机械检验的测量基准,等等。此外,检验平板在机械制造中也是不可缺少的基本工具。

铸铁平板均采用优质细颗粒灰口铸铁制造,材质 HT250—HT300,表面硬度均匀,再通过表面刮削加工,可获得 0、1、2、3 级(按国家标准计量鉴定)精度。铸铁平板结构如图 4.37 所示,使用时应将平板调至水平,同时避免出现振动、磨损过多、划伤和碰伤等现象,以免影响其精度和使用寿命;使用后注意擦洗干净,做好防锈工作,以延长其使

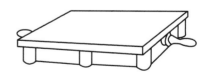

图 4.37 铸铁平板

用寿命。一般来说,按规定进行使用和保养的情况下,铸铁检验平板的使用寿命很长。

大理石精密平板是由岩石经长期天然时效制成的,优点较多,首先,其组织结构均匀,线膨胀系数极小,内应力完全消失,因此制成后不易变形;其次,大理石精密平板刚性好,硬度高,耐磨性强,不易出现划痕;此外,大理石平板耐腐蚀,不会生锈,使用时不必涂油,也不易粘微尘,维护保养方便简单;除此之外还有一些其他优点,如其温度变形小、不磁化、不易受潮,等等。大理石精密平板主要用于精密测量或计量。

⑥V 形铁

V 形铁主要用来安放轴、套筒、圆盘等圆形工件,以便找中心线与划出中心线,如图 4.38 所

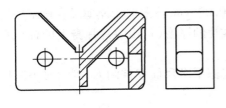

图 4.38 V 形铁

示。一般 V 形铁都是一副两块,两块的平面与 V 形槽都是在一次安装中磨出的。精密 V 形铁相互表面间的平行度、垂直度误差在 0.01 mm 之内,V 形槽的中心线必须在 V 形铁的对称平面内并与底面平行,同心度、平行度的误差也在 0.01 mm 之内,V 形槽半角误差在 ±1 ~ ±30。精密 V 形铁也可作方箱使用,带有夹持弓架的 V 形铁,可以把圆柱形工件牢固地夹持在 V 形架上,翻转到各个位置划线。V 形铁一般成对、配上检验平板同时使用。

⑦宽座角尺

宽座角尺为 90°角尺,是检验直角用非刻线量尺,用于检测工件的垂直度。测量时,将 90°角尺的一边与工件基准面放在检验平板上,如工件的另一面与工件被测面之间透出缝隙,可根据缝隙大小判断角度的误差情况,宽座角尺如图 4.39 所示。

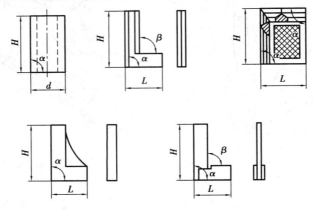

图 4.39 宽座角尺

(2)测量方法

前面已经学习了几何公差的相关知识及测量的原则,下面介绍几种实际生产中常用的测量方法:

1)平行度误差测量

平行度误差测量常用的方法有打表法和水平仪法,这些方法是采用与拟合要素比较的检测原则。

2)垂直度误差测量

垂直度误差测量常用的方法有光隙法(透光法)、打表法、水平仪法及闭合测量法等。本次采用光隙法进行测量。光隙法测量简便快捷,也能保证一定的测量精度。

3)跳动误差测量

跳动误差测量可用打表法,测量时,使被测要素绕基准轴线回转,通过读取与被测面作法向接触的指示表上最大值与最小值得到所需数值。

4)对称度误差测量

在单件、小批生产中,键和键槽的尺寸均可用游标卡尺、千分尺等普通计量器具来测量,而在成批、大量生产中,则可用量块或极限量规来检测。

（3）测量步骤

1）平行度误差测量

①测量前,擦净检验平板2和被测零件1,然后按图4.40所示将被测零件基准放在平板2上,并使被测零件的基准面与平板工作面贴合(以最薄的厚薄规不能塞入两面之间为准)。这样平板的工作面既是被测零件的模拟基准,又是测量基准,以减少测量误差。

②将百分表装入磁性表座,把百分表测量头放在被测平面上,预压百分表0.3~0.5 mm,并将指示表指针调至零。

③移动表座3沿被测平面多个方向移动,此时,被测平面对基准的平行度由百分表读出,记录百分表在不同位置的示值。

④所有示值中的最大值减去最小值,即为平行度误差。

⑤判断零件的合格性,作出实训报告。

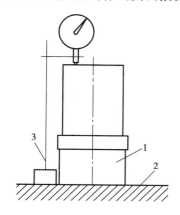

图4.40　平行度误差测量

1—被测零件;2—检验平板;3—移动表座

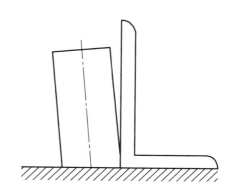

图4.41　垂直度误差测量

2）垂直度误差测量

①按图4.41所示,将被测零件基准和宽座角尺放在检验平板上,并用塞尺(厚薄规)检查是否接触良好(以最薄的塞尺不能塞入为准)。由于该零件的被测表面无法直接与角尺接触,因此用标准量块的测量面将角尺垫高至测量部位。

②移动宽座角尺,对着被测表面轻轻靠近,观察光隙部位的光隙大小,或用厚薄规检查最大和最小光隙尺寸值,也可以用目测估计出最大和最小光隙值,并将其值记录下来。

③最大光隙值减去最小光隙值即为垂直度误差。

④判断零件的合格性,作出实训报告。

3）跳动误差测量

①擦干净被测表面、基准、检验平板、V形铁、偏摆仪顶尖等。

②根据图4.1零件的跳动要求,将零件的 C 和 D 基准($\phi 20_{-0.013}^{\ 0}$)放在V形铁上或者利用该零件的中心孔,将其装在偏摆仪顶尖中,锁紧偏摆仪的紧定螺钉,此时被测零件不能轴向窜动,但转动自如。

③将百分表或千分表装在磁性表座上,把百分表或千分表的测量头轻轻放在零件的被测面 $\phi 20_{-0.013}^{\ 0}$ 上,并压表0.2~0.4 mm,然后将百分表指针调至零。

④轻轻转动被测零件一圈,从指示表中读出最大值和最小值并记录,其最大和最小值代数差即为该截面的跳动误差。

⑤移动磁性表座,测量被测表面的不同截面,重复上述步骤,作出实训报告。

注:测量时,测量头要与回转轴线垂直。

4)对称度误差测量

当对称度公差遵守独立原则,且为单件、小批生产时用普通计量器具来测量。常用的测量方法如图4.42所示。

①测量时,工件1的被测键槽中心平面和基准轴线分别用定位块(或量块)2和V形块3模拟体现。首先转动V形块上的工件,调整定位块的位置,使其沿径向与平板平行(即指示表在定位块外端和靠近键槽处示值不变)。

②然后,用指示表在工件长度两端的径向截面内分别测量从定位块 P 面至平板的距离,即从指示表得到示值 h_{AP} 和 h_{BP}。

③将工件翻转180°,重复上述步骤,测得定位块表面 Q 到平板的距离 h_{AQ} 和 h_{BQ},分别计算在键槽长度两端的径向截面内各自两次测量的示值(h_{AP} 和 h_{AQ},h_{BP} 和 h_{BQ})之差,即 $h_{AP} - h_{AQ}$,$h_{BP} - h_{BQ}$,其中,绝对值大者即为键槽的对称度误差。

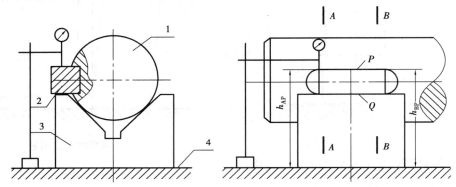

图4.42 轴槽对称度误差测量
1—工件;2—定位块(量块);3—V形块;4—平板

以上几种测量方法都是生产中常用的,除了要掌握测量方法外,还应注意量具的规格,如其中常用到的百分表或千分表,原则上若被测工件的几何公差值不小于0.01 mm,选用百分表进行测量,若公差值小于0.01 mm,则选用千分表来进行检测。

4.10 习 题

4.1 试将下列各项几何公差要求标注在图4.43上:

(1)φ100h8 圆柱面对 φ40H7 孔轴线的圆跳动公差为0.018 mm。

(2)φ40H7 孔遵守包容原则,圆柱度公差为0.007 mm。

(3)左、右两凸台端面对 φ40H7 孔轴线的圆跳动公差均为0.012 mm。

(4)轮毂键槽对 φ40H7 孔轴线的对称度公差为0.02 mm。

4.2 试将下列各项几何公差要求标注在图4.44上。

（1）$\phi32_{-0.03}^{0}$圆柱面对两$\phi20_{-0.021}^{0}$公共轴线的圆跳动公差 0.015 mm。

（2）$\phi20_{-0.021}^{0}$轴径的圆度公差 0.01 mm。

（3）$\phi32_{-0.03}^{0}$左右两端面对两$\phi20_{-0.021}^{0}$公共轴线的轴向圆跳动公差 0.02 mm。

（4）键槽$10_{-0.036}^{0}$中心平面对$\phi32_{-0.03}^{0}$轴线的对称度公差 0.015 mm。

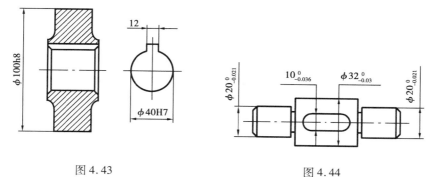

图 4.43　　　　　　　　　　　图 4.44

4.3　指出图 4.45 中几何公差的标注错误,并加以改正(不允许改变几何公差特征符号)。

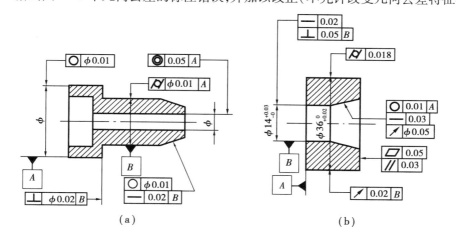

（a）　　　　　　　　　　　　（b）

图 4.45

4.4　按图 4.46 上标注的尺寸公差和几何公差填表 4.18,对于遵守相关要求的画出动态公差图。

表 4.18

图样序号	遵守公差原则或公差要求	遵守边界及边界尺寸	最大实体尺寸/mm	最小实体尺寸/mm	最大实体状态时的几何公差/mm	最小实体状态时的几何公差/mm	$d_a(D_a)$范围/mm
a							
b							
c							
d							
e							

107

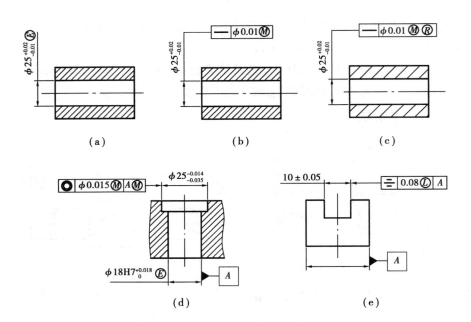

图 4.46

4.5 用坐标法测量图 4.47 所示零件的位置误差。测得 4 个孔的轴线实际坐标值列于表 4.19 中,试确定该零件上各孔的位置度误差,并判断合格与否。

表 4.19

坐标值	孔序号			
	1	2	3	4
x/mm	20.10	70.10	19.90	69.85
y/mm	15.10	14.90	44.80	45.15

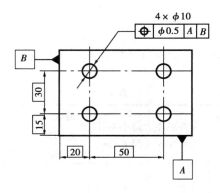

图 4.47

项目 **5**

表面粗糙度与测量

5.1 给定检测任务

表面粗糙度与测量给定的检测任务如图 5.1 所示。

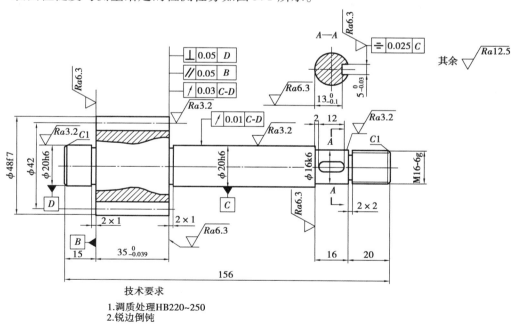

技术要求

1.调质处理HB220~250
2.锐边倒钝

图 5.1 齿轮轴

5.2 问 题 的 提 出

如图 5.1 所示为一齿轮油泵的齿轮轴零件图。其中,有 $\sqrt{\overline{Ra3.2}}$、$\sqrt{\overline{Ra6.3}}$ 标注。请同学从以下 5 个方面进行学习:

①生产实际中检测零件表面粗糙度通常所选用的计量器具和辅助装置。

②选择计量器具的规格,正确使用计量器具。

③若用粗糙度量块来检测,掌握其检测方法。

④对计量器具进行保养与维护。

⑤填写检测报告并进行数据处理。

5.3 表面粗糙度的认识

5.3.1 表面粗糙度

任何加工方法所获得的零件表面,实际上都不是完全理想的表面,总会存在着由间距很小的微小峰、谷构成的不平度。通常这种微观不平度又称为微观几何形状误差,用表面粗糙度表示。

得到的表面轮廓的形状是复杂的,它由多种几何形状误差构成,如图 5.2(a)、(b)所示。根据轮廓上相邻峰与谷之间间距的大小,将表面轮廓的几何形状误差划分如下:

(a)放大的实际工作表面示意图

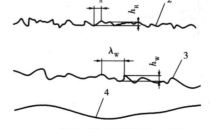

(b)实际工作表面波形分解图

图 5.2 表面粗糙度的概念

h_R、h_W—波高;λ_R、λ_W—波距;

1—实际表面轮廓;2—表满粗糙度;3—波纹度;4—宏观形状误差

①当间距 λ <1 mm 时,属于粗糙度(微观几何形状误差)。

②当 1 mm <间距 λ <10 mm 时,属于波纹度(介于微观形状误差和宏观形状误差之间)。

③当间距 λ >10 mm 时,属于形状位置误差(宏观形状误差)。

5.3.2　表面粗糙度对零件使用性能的影响

零件表面粗糙不仅影响美观,而且对运动面的摩擦与磨损、贴合面的密封等都有影响,另外还会影响定位精度、配合性质、疲劳强度、接触刚度、抗腐蚀性等。例如,在间隙配合中,由于表面粗糙不平,会因磨损而使间隙迅速增大,致使配合性质改变;在过盈配合中,表面经压合后,过粗的表面会被压平,减少了实际过盈量,从而影响到结合的可靠性;较粗糙的表面,接触时的有效面积减少,使单位面积承受的压力加大,零件相对运动时,磨损就会加剧,同时粗糙表面的峰谷痕迹越深,越容易产生应力集中,从而使零件疲劳强度下降。

为此我国颁布了《产品几何技术规范(GPS)　表面结构　轮廓法术语、定义及表面结构参数》(GB/T 3505—2009)、《产品几何技术规范(GPS)　表面结构　轮廓法　表面粗糙度参数及其数值》(GB/T 1031—2009)、《产品几何技术规范(GPS)　表面结构　轮廓法　评定表面结构的规则和方法》(GB/T 10610—2009)和《产品几何技术规范(GPS)　技术产品文件中表面结构的表示法》(GB/T 131—2006)等国家标准,保证正确地标注、测量和评定零件的表面粗糙度。

5.4　表面粗糙度的评定参数

5.4.1　主要术语及定义

(1)轮廓滤波器

轮廓滤波器是把轮廓分成长波和短波成分的滤波器。

1)λ_s 轮廓滤波器

λ_s 轮廓滤波器是确定存在于表面上的粗糙度与比它更短的波的成分之间相交界限的滤波器,也称短波滤波器(见图 5.3)。

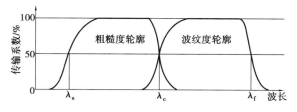

图 5.3　粗糙度和波纹度轮廓的传输特性

2)λ_c 轮廓滤波器

λ_c 轮廓滤波器是确定粗糙度与波纹度成分之间相交界限的滤波器,也称长波滤波器(见图 5.3)。

3)λ_f 滤波器

λ_f 轮廓滤波器是确定存在于表面上的波纹度与比它更长的波的成分之间相交界限的滤

111

波器(见图5.3)。

注:测量粗糙度、波纹度的滤波器,它们的传输特性相同,截止波长不同。

（2）粗糙度轮廓

粗糙度轮廓是对表面原始轮廓采用 λ_c 轮廓滤波器抑制长波成分以后形成的轮廓。

注:粗糙度轮廓是评定粗糙度轮廓参数的基础。

（3）传输带

传输带,即一个 λ_s 滤波器(短波滤波器)和另一个 λ_c 滤波器(长波滤波器)所限制的波长范围。

（4）取样长度和评定长度

1）取样长度

由于实际表面轮廓总是包含着表面粗糙度、波纹度和宏观形状误差,在测量微观几何形状误差——表面粗糙度时,必须限制波纹度并排除宏观形状误差对表面粗糙度测量的影响。为此,应在评估对象即实际表面轮廓上截取一段足够短的长度来测量表面粗糙度,这段长度称为取样长度,用符号 l_r 表示,如图5.4所示。l_r 在数值上与轮廓滤波器 λ_c 的截止波长值相等。它用于判别被评定轮廓在 x 方向上的不规则性。表面越粗糙,取样长度应越大。通常在一个取样长度内应包含5个以上的轮廓峰和轮廓谷。标准取样长度的数值见表5.4。

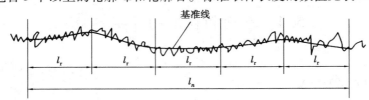

图5.4　取样长度和评定长度

2）评定长度

如果仅仅从一个取样长度 l_r 内测量表面粗糙度,势必不能全面合理地反映整个表面轮廓的粗糙度特性。因此,应连续在几个取样长度上测量。这些连续的几个取样长度称为评定长度,用 l_n 表示,如图5.4所示。通常在测量时,标准评定长度取5个连续的取样长度。

（5）粗糙度轮廓中线

要定量测量和评定表面粗糙度,就要有一条评定基准线,称为中线。它是用 λ_c 轮廓滤波器抑制了长波成分后对应的中线。常用的表面粗糙度中线有以下两种:

1）轮廓的最小二乘中线

如图5.5所示,在一个取样长度 l_r 内,轮廓的最小二乘中线使轮廓上各点至该线的距离平方和 $\int_0^{l_r} Z^2 \mathrm{d}x$ 为最小,$\sum_{i=1}^{n} Z_i^2$ 最小。

2）轮廓的算数平均中线

在一个取样长度 l_r 内,算数平均中线是将实际轮廓划分成上、下两部分,且使上、下两部分面积相等的直线(见图5.6),即

$$F_1 + F_2 + \cdots + F_n = F'_1 + F'_2 + \cdots + F'_n$$

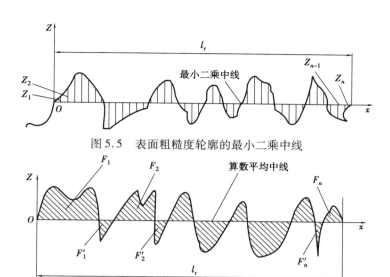

图 5.5 表面粗糙度轮廓的最小二乘中线

图 5.6 表面粗糙度轮廓的算数平均中线

5.4.2 表面粗糙度主要评定参数

表面轮廓上微小峰和谷的幅度和间距是构成表面粗糙度轮廓的两个独立的基本特征,为此国家标准 GB/T 3505—2009 规定了用幅度参数和间距参数来定量地评定表面粗糙度轮廓。其中,幅度参数是主要的。

(1)幅度参数(峰和谷)

1)评定轮廓的算术平均偏差 Ra

在一个取样长度 l_r 内(见图 5.5),实际轮廓上各点至轮廓中线距离 $Z(x)$ 绝对值的算术平均值用符号 Ra 表示,用公式表示为

$$Ra = \frac{1}{l_r} \int_0^{l_r} |Z(x)| \, dx \tag{5.1}$$

或近似表示为

$$Ra = \frac{1}{n} \sum_{i=1}^{n} |Z(x_i)| \tag{5.2}$$

2)轮廓最大高度 Rz

如图 5.7 所示,在一个取样长度 l_r 内,轮廓上的最大轮廓峰高 Rp(见图 5.7 中的 Zp_1)与最大轮廓谷深 Rv(见图 5.7 中的 Zv_1)之和,用符号 Rz 表示,即

$$Rz = Rp + Rv \tag{5.3}$$

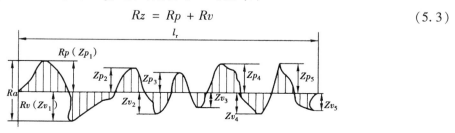

图 5.7 表面粗糙度的最大高度

（2）间距参数

一般以轮廓单元的平均宽度 Rsm 作为间距参数来评定表面粗糙度轮廓。

如图 5.8 所示,在一个取样长度 l_r 内,一个轮廓峰和相邻的轮廓谷组成一个轮廓单元,一个轮廓单元与 x 轴(中线)相交线段的长度称为轮廓单元宽度,用符号 X_s 表示。

在一个取样长度 l_r 内,所有轮廓单元宽度 X_{si} 的平均值即为轮廓单元的平均宽度,用 Rsm 表示,可表示为

$$Rsm = \frac{1}{m} \sum_{i=1}^{m} X_{si} \tag{5.4}$$

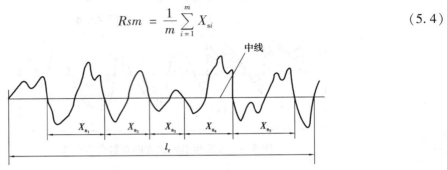

图 5.8　轮廓单元的宽度

5.4.3　一般规定

国家标准规定采用中线制来评定表面粗糙度,粗糙度的评定参数一般从 Ra、Rz、Rsm 中选取,参数值见表 5.1—表 5.4。

表 5.1　轮廓算术平均偏差 Ra 的数值/μm

规定值	补充系列	规定值	补充系列	规定值	补充系列	规定值	补充系列
	0.008						
	0.010						
0.012			0.125		1.25	12.5	
	0.016		0.160	1.6			16.0
	0.020	0.20			2.0		20
0.025			0.25		2.5	25	
	0.032		0.32	3.2			32
	0.040	0.40			4.0		40
0.050			0.50		5.0	50	
	0.063		0.63	6.3			63
	0.080	0.80			8.0		80
0.100			1.00		10.0	100	

表5.2　轮廓最大高度(Rz)的数值/μm

规定值	补充系列	规定值	补充系列	规定值	补充系列	规定值	补充系列	规定值	补充系列	规定值	补充系列
			0.125		1.25	12.5			125		1 250
			0.160	1.60			16.0		160	1 600	
		0.20			2.0		20	200			
0.025			0.25		2.5	25			250		
	0.032		0.32	3.2			32		320		
	0.040	0.40			4.0		40	400			
0.050			0.50		5.0	50			500		
	0.063		0.63	6.3			63		630		
	0.080	0.80			8.0		80	800			
0.100			1.00		10.0	100			1 000		

表5.3　轮廓单元的平均宽度(Rsm)的数值/μm

规定值	补充系列	规定值	补充系列	规定值	补充系列	规定值	补充系列
	0.002		0.023		0.25		2.5
	0.003	0.025			0.32	3.2	
	0.004		0.040	0.40			
	0.005	0.050			0.5		4
0.006			0.063	0.63		6.3	5
	0.008		0.080	0.80			
	0.010	0.100			1.0		8
0.012 5			0.125		1.25	12.5	10.0
	0.016		0.160	1.6			
	0.020	0.20			2.0		

表5.4　Ra、Rz 的取样长度与评定长度的选用值

$Ra/\mu m$	$Rz/\mu m$	l/mm	$l_n(l_n=5l)/mm$
$\geqslant 0.008 \sim 0.02$	$\geqslant 0.025 \sim 0.10$	0.08	0.4
$>0.02 \sim 0.1$	$>0.10 \sim 0.50$	0.25	1.25
$>0.1 \sim 2.0$	$>0.50 \sim 10.0$	0.8	4.0
$>2.0 \sim 10.0$	$>10.0 \sim 50.0$	2.5	12.5
$>10.0 \sim 80.0$	$>50.0 \sim 320$	8.0	40.0

在常用的参数值范围内(Ra 为 6.3 ~ 0.025 μm，Rz 为 25 ~ 0.10 μm）推荐优先选用 Ra。

国家标准中还规定，零件表面有功能要求时，除选用高度参数 Ra、Rz、Rsm 之外，还可选用附加的评定参数，因篇幅所限，这里不作介绍。

5.5　表面特征代号及标注

国家标准对表面粗糙度符号、代号及标注都作了规定，以下主要对高度参数 Ra、Rz、Rsm 的标注作简要说明。

符号在图样上用细实线画出，符号及其意义见表5.5。

表 5.5　表面粗糙度符号及意义

符　号	意义及说明
（基本符号）	基本符号，表示表面可用任何方法获得。当不加注粗糙度参数值或有关说明（如表面处理、局部热处理状况等）时，仅适用于简化代号标注，没有补充说明时不能单独使用
（基本符号加一短画）	基本符号加一短画，表示表面采用去除材料的方法获得。例如，车、铣、钻、磨、剪切、抛光、腐蚀、电火花加工、气割等获得的表面
（基本符号加一小圆）	基本符号加一小圆，表示表面是采用不去除材料的方法获得。例如，铸、锻、冲压变形、热轧、冷轧、粉末冶金等获得的表面，或者是用于保持原供应状况的表面（包括保持上道工序的状况）
（加一横线的三个符号）	在上述 3 个符号的长边上均加一横线，用于标注有关参数和说明
（加一小圆的三个符号）	在上述 3 个符号上均加一小圆，表示所有表面具有相同的表面粗糙度要求

5.5.1　表面粗糙度的符号和代号

为了明确表面结构要求，除了标注表面结构参数和数值外，必要时应标注补充要求。补充要求包括传输带、取样长度、加工工艺、表面纹理及方向、加工余量等。为了保证表面的功能特征，应对表面结构参数规定不同要求。

对零件有表面粗糙度要求时，须同时给出表面粗糙度参数值和取样长度的要求。如果取样长度取表5.4标准值时，则可省略标注。

表面粗糙度数值及其有关规定在符号中的注写位置如图 5.9 所示。

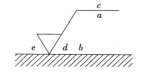

图 5.9　表面粗糙度完整图形代号及各项技术要求的标注位置

（1）位置 *a* 标注表面粗糙度轮廓的单一要求

位置 *a* 标注表面粗糙度参数代号、参数值（μm）和传输带或取样长度。为了避免误解，在参数代号和极限值间应插入空格。传输带或取样长度后应有一斜线"/"，之后是表面粗糙度轮廓参数代号，最后是数值。在标注方法上有传输带标注和取样长度标注两种。传输带标注滤波器截止波长，$λ_s$ 滤波器在前，$λ_c$ 滤波器（取样长度）在后，中间用连字符"-"隔开。若只标注一个滤波器，则要保留连字符来区分是短波滤波器还是长波滤波器。

示例 1：0.002 5-0.8/*Rz* 6.3（传输带标注）

其中，$λ_s$ 滤波器（短波滤波器）的截止波长为 0.002 5，$λ_c$ 滤波器（长波滤波器）的截止波长为 0.8，*Rz* 为表面粗糙度轮廓参数代号，6.3 为参数允许值。

示例 2：-0.8/*Rz* 6.3（取样长度标注）

注：如果表面粗糙度轮廓参数没有标注传输带时，则要求采用默认传输带。如果评定长度内取样长度个数不等于 5，应在相应参数代号后标注其个数。

示例 3：$\sqrt{}$ *Ra3* 0.8

表示评定长度为 3 个取样长度。

（2）*b* 处标注第 2 个表面粗糙度轮廓要求

示例 4：$\sqrt{}$⊥ *Ra1.6* -2.5/*Rz*$_{max}$6.3

（3）*c* 处标注加工方法、表面处理、涂层或其他加工工艺要求

示例 5：$\sqrt{}$⊥ 磨 *Ra1.6* -2.5/*Rz*$_{max}$6.3

（4）*d* 处标出加工纹理方向符号

加工纹理方向是指表面刀纹的方向，它取决于表面形成过程中所采用的加工方法。表5.6 给出了各种纹理方向及其标注符号，倘若这些符号不能清楚表明所要求的纹理方向，则应在图样上用文字说明。

示例 6：$\sqrt{}$⊥ 磨 *Ra1.6* -2.5/*Rz*$_{max}$6.3

（5）*e* 处标出加工余量

注写所要求的加工余量，以毫米（mm）为单位给出数值。

示例 7：3$\sqrt{}$

表示加工余量为 3 mm。

表5.6　加工纹理方向及其符号

符号	解释和示例	
＝	纹理平行于视图所在的投影面	 纹理方向
⊥	纹理垂直于视图所在的投影面	 纹理方向
×	纹理呈两斜向交叉且与视图所在的投影面相交	 纹理方向
M	纹理呈多方向	
C	纹理呈近似同心圆且圆心与表面中心相关	
R	纹理呈近似放射状且与表面圆心相关	
P	纹理呈微粒、凸起、无方向	

表5.7中有关表面粗糙度参数的"上限值"(或"下限值")和"最大值"(或"最小值")的含义是不同的。"上限值"表示所有实测值中,允许有16%的实测值可超过规定值;而"最大值"表示不允许任何实测值超过规定值。

表 5.7　表面粗糙度高度参数值的标注示例及意义

代　号	意　义
$\sqrt{Ra1.6}$	用去除材料方法获得的表面粗糙度,单向上限值,默认传输带,R 轮廓,粗糙度算术平均偏差为 1.6 μm,评定长度为 5 个取样长度(默认),"16% 规则"(默认)
$\sqrt{Ra_{max}1.6}$	用去除材料方法获得的表面粗糙度,单向上限值,默认传输带,R 轮廓,粗糙度算术平均偏差为 1.6 μm,评定长度为 5 个取样长度(默认),"最大规则"
$\sqrt{Rz3.2}$	用去除材料方法获得的表面粗糙度,单向上限值,默认传输带,R 轮廓,粗糙度最大高度为 3.2 μm,评定长度为 5 个取样长度(默认),"16% 规则"(默认)
$\sqrt{Rz0.4}$	不去除材料,单向上限值,默认传输带,R 轮廓,粗糙度最大高度 0.4 μm,评定长度为 5 个取样长度(默认),"16% 规则"(默认)
$\sqrt{-0.8/Ra3.2}$	去除材料方法获得的表面粗糙度,单向上限值,传输带:根据 GB/T 6062,取样长度 0.8 μm($λ_s$ 默认 0.002 5 mm),R 轮廓,粗糙度算术平均偏差为 1.6 μm,评定长度为 3 个取样长度(默认),"16% 规则"(默认)
$\sqrt{\begin{array}{l}U\ Ra_{max}3.2\\L\ Ra0.8\end{array}}$	不允许去除材料,双向极限值,两极限值均使用默认传输带,R 轮廓,上限值:算术平均偏差 3.2 μm,评定长度为 5 个取样长度(默认),"最大规则",下限值:算术平均偏差 0.8 μm,评定长度为 5 个取样长度(默认),"16% 规则"(默认)
$\sqrt{000.8-0.8/Ra3.2}$	去除材料方法获得的表面粗糙度,单向上限值,传输带 0.008 ~ 0.8 mm,R 轮廓,算术平均偏差 3.2 μm,评定长度为 5 个取样长度(默认),"16% 规则"(默认)

5.5.2　表面粗糙度在图样上的标注方法

　　表面结构要求对每一表面一般只标注一次,并尽可能注在相应的尺寸及其公差的同一视图上。除非另有说明,所标注的表面结构要求是对完工零件表面的要求。

　　图样上表面粗糙度符号一般标注在可见轮廓线、尺寸线或其引出线上,对于镀涂表面,可标注在表示线(粗点画线)上,符号的尖端必须从材料外面指向实体表面,数字及符号的方向必须按如图 5.10 所示要求标注。

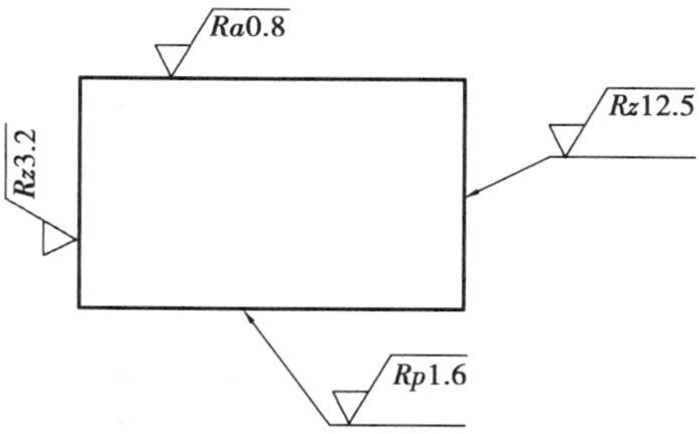

　　总的原则是根据 GB/T 4458.4 的规定,使表面结构的注写和读取方向与尺寸的注写和读取方向一致。

　　表面结构要求可标注在轮廓线上,其符号应从材料外指向并接触表面。必要时,表面结构符号也可用带箭头或黑点的指引线引出标注,如图 5.11、图 5.12(a)、(b)所示。

图 5.10　表面结构要求的注写方向

　　在不致引起误解时,表面结构要求可标注在给定的尺寸线上,如图 5.13 所示。

119

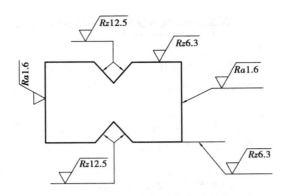

图 5.11　表面结构要求在轮廓线上的标注

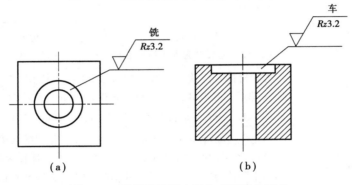

图 5.12　用指引线引出标注表面结构要求

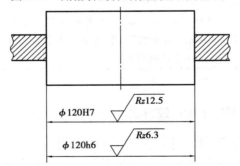

图 5.13　表面结构要求标注在尺寸线上

表面结构要求可标注在形位公差框格的上方,如图 5.14(a)、(b)所示。

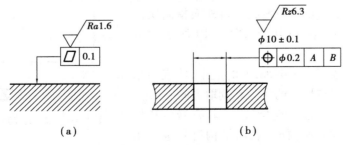

图 5.14　表面结构要求标注在形位公差框格的上方

当零件的多数(包括全部)表面具有相同的表面粗糙度轮廓技术要求时,则其表面粗糙度轮廓技术要求可统一标注在图样的标题栏附近。此时(除全部表面有相同要求的情况外),表面粗糙度轮廓技术要求的符号后面应有:在圆括号内给出无任何其他标注的基本符号,如图5.15 所示。

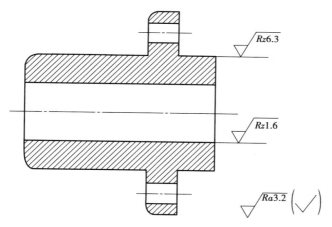

图 5.15　多数表面有同一表面粗糙度要求的标注

当在图样某个视图上构成封闭轮廓的各表面有相同的表面粗糙度轮廓技术要求时,应在完整图形符号上加一圆圈,标注在图样中工件的封闭轮廓线上,如图 5.16 所示。如果标注会引起歧义,则各表面应分别标注。

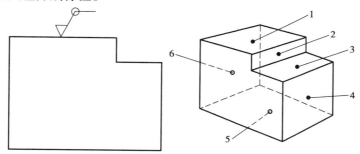

注:图示的表面结构符号是指对图形中封闭轮廓的 6 个面的共同要求(不包括前后面)
图 5.16　零件所有表面具有相同表面粗糙度轮廓技术要求的标注方法

表面结构要求的标注示例见表 5.8。

表 5.8　表面结构要求的标注示例

要　求	示　例
表面粗糙度: —双向极限值 —上限值 $Ra = 50$ μm —下限值 $Ra = 6.3$ μm —均为"16 % 规则"(默认) —两个传输带均为 0.008 ~ 4 mm —默认的评定长度 5×4 mm = 20 mm —表面纹理呈近似同心圆且圆心与表面中心相关 —加工方法:铣 注:因为不会引起争议,不必加 U 和 L	铣 0.008-4/Ra 50 C0.008-4/Ra 6.3

续表

要　求	示　例
表面粗糙度： —两个单向上限值： 1）$Ra = 1.6$ μm a. "16% 规则"（默认）（GB/T 10610） b. 默认传输带（GB/T 10610 和 GB/T 6062） c. 默认评定长度（$5 \times \lambda_c$）（GB/T 10610） 2）$Rz_{max} = 6.3$ μm a. 最大规则 b. 传输带-2.5 μm（GB/T 6062） c. 评定长度默认（5×2.5 mm） —表面纹理垂直于视图的投影面 —加工方法：磨削	磨 $Ra\ 1.6$ $\perp$-2.5/Rz_{max} 6.3
表面粗糙度： —单向上限值 —下限值 $Rz = 0.8$ μm —"16 % 规则"（默认）（GB/T 10610） —默认传输带（GB/T 10610 和 GB/T 6062） —默认评定长度（$5 \times \lambda_c$）（GB/T 10610） —表面纹理没有要求 —表面处理：铜件，镀镍/铬 —表面要求：对封闭轮廓的所有表面有效	Cu/Ep.Ni5bCr0.3r $Rz\ 0.8$
表面粗糙度： —单向上限值和一个双向极限值： 1）单向 $Ra = 1.6$ μm a. "16% 规则"（默认）（GB/T 10610） b. 传输带-0.8 mm（λ_s 根据 GB/T 6062 确定） c. 评定长度 $5 \times 0.8 = 4$ mm（GB/T 10610） 2）双向 $Rz_{max} = 6.3$ μm a. 上限值：$Rz = 12.5$ μm b. 下限值：$Rz = 3.2$ μm c. "16% 规则"（默认） d. 上下极限传输带均为-2.5 μm（λ_s 根据 GB/T 6062 确定） e. 上下极限评定长度均为 $5 \times 2.5 = 12.5$ mm（即使不会引起争议，也可以标注 U 和 L 符号） —表面处理：铜件，镀镍/铬	Fe/Ep.Ni10bCr0.3r -0.8/Ra 1.6 U-2.5/Rz 12.5　L-2.5/Rz 3.2

5.6　表面粗糙度数值的选择

　　表面粗糙度是一项重要的技术经济指标,选取时应在满足零件功能要求的前提下,同时考虑工艺的可行性和经济性。确定零件表面粗糙度时,除有特殊要求的表面外,一般多采用类比法选取。

　　表面粗糙度数值的选择,一般应考虑到以下 6 点:

　　①在满足零件表面功能要求的前提下,尽量选用大一些的数值。

　　②一般情况下,同一个零件上,工作表面(或配合面)的粗糙度数值应小于非工作面(或非配合面)的数值。

　　③摩擦面、承受高压和交变载荷的工作面的粗糙度数值应小一些。

　　④尺寸精度和形状精度要求高的表面,粗糙度数值应小一些。

　　⑤要求耐腐蚀的零件表面,粗糙度数值应小一些。

　　⑥有关标准已对表面粗糙度要求作出规定的,应按相应标准确定表面粗糙度数值。

　　有关圆柱体结合的表面粗糙度数值的选用见表 5.9;表面粗糙度参数、加工方法和应用举例见表 5.10。

表 5.9　圆柱体结合的表面粗糙度推荐值

表面特征			$Ra/\mu m$ 不大于		
	公差等级	表面	公称尺寸/mm		
			<50	50～500	
经常装拆零件的配合表面 (如挂轮、滚刀等)	5	轴	0.2	0.4	
		孔	0.4	0.8	
	6	轴	0.4	0.8	
		孔	0.8～0.4	1.6～0.8	
	7	轴	0.8～0.4	1.6～0.8	
		孔	0.8	1.6	
	8	轴	0.8	1.6	
		孔	1.6～0.8	3.2～1.6	
	公差等级	表面	公称尺寸/mm		
			<50	50～120	120～500
过盈配合的配合表面 a.装配按机械压入法 b.装配按热处理法	5	轴	0.1～1.2	0.4	0.4
		孔	0.2～0.4	0.8	0.8
	6～7	轴	0.4	0.8	1.6
		孔	0.8	1.6	1.6
	8	轴	0.8	1.6～0.8	3.2～1.6
		孔	1.6	3.2～1.6	3.2～1.6
	—	轴	1.6		
		孔	3.2～1.6		

续表

表面特征			Ra/μm 不大于				
精密定心用配合的零件表面	表面	径向跳动公差/μm					
		2.5	4	6	10	16	25
		Ra/μm 不大于					
	轴	0.05	0.1	0.1	0.2	0.4	0.8
	孔	0.1	0.2	0.2	0.4	0.8	1.6
滑动轴承的配合表面	表面	公差等级				液体湿摩擦条件	
		6 ~ 9		10 ~ 12			
		Ra/μm 不大于					
	轴	0.8 ~ 0.4		3.2 ~ 0.8		0.4 ~ 0.1	
	孔	1.6 ~ 0.8		3.2 ~ 1.6		0.8 ~ 0.2	

表 5.10　表面粗糙度参数、加工方法和应用举例

Ra/μm	加工方法	应用举例
12.5 ~ 25	粗车、粗铣、粗刨、钻、毛锉、锯断等	粗加工非配合表面。如轴端面、倒角、钻孔、齿轮和带轮侧面、键槽底面、垫圈接触面及不重要的安装支承面
6.3 ~ 12.5	车、铣、刨、镗、钻、粗绞等	半精加工表面。如轴上不安装轴承、齿轮等处的非配合表面,轴和孔的退刀槽、支架、衬套、端盖、螺栓、螺母、齿顶圆、花键非定心表面等
3.2 ~ 6.3	车、铣、刨、镗、磨、拉、粗刮、铣齿等	半精加工表面。箱体、支架、套筒、非传动用梯形螺纹等及与其他零件结合而无配合要求的表面
1.6 ~ 3.2	车、铣、刨、镗、磨、拉、刮等	接近精加工表面。箱体上安装轴承的孔和定位销的压入孔表面及齿轮齿条、传动螺纹、键槽、皮带轮槽的工作面、花键结合面等
0.8 ~ 1.6	车、镗、磨、拉、刮、精绞、磨齿、滚压等	要求有定心及配合的表面。如圆柱销、圆锥销的表面、卧式车床导轨面、与 P0、P6 级滚动轴承配合的表面等
0.4 ~ 0.8	精绞、精镗、磨、刮、滚压等	要求配合性质稳定的配合表面及活动支承面。如高精度车床导轨面、高精度活动球状接头表面等
0.2 ~ 0.4	精磨、珩磨、研磨、超精加工等	精密机床主轴锥孔、顶尖圆锥面、发动机曲轴和凸轮轴工作表面、高精度齿轮齿面、与 P5 级滚动轴承配合面等
0.1 ~ 0.2	精磨、研磨、普通抛光等	精密机床主轴轴颈表面、一般量规工作表面、汽缸内表面、阀的工作表面、活塞销表面等
0.025 ~ 0.1	超精磨、精抛光、镜面、磨削等	精密机床主轴轴颈表面、滚动轴承套圈滚道、滚珠及滚柱表面、工作量规的测量表面,高压液压泵中的柱塞表面等
0.012 ~ 0.025	镜面磨削等	仪器的测量面、高精度量仪等
≤0.012	镜面磨削、超精研等	量块的工作面、光学仪器中的金属镜面等

5.7 表面粗糙度的测量

测量表面粗糙的方法很多,下面仅介绍 4 种常用的测量方法。

5.7.1 比较法

比较法就是将被测零件表面与表面粗糙度样板(见图 5.17(a))通过视觉、触感或其他方法进行比较后,对被检表面的粗糙度作出评定的方法。

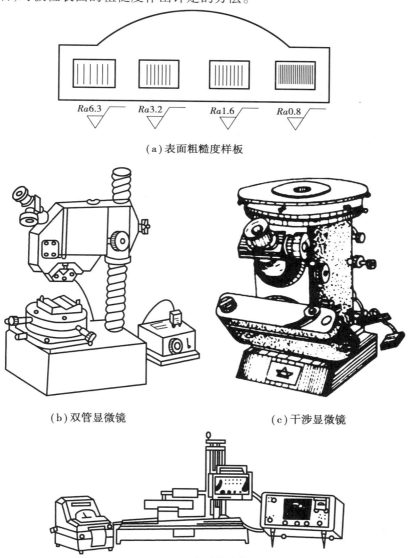

(a)表面粗糙度样板

(b)双管显微镜

(c)干涉显微镜

(d)电动轮廓仪

图 5.17 表面粗糙常用测量仪器

用比较法评定表面粗糙度虽然不能精确地得出被检表面的粗糙度数值,但由于器具简单,使用方便且能满足一般的生产要求,故常用于生产现场。

5.7.2　干涉法

干涉法就是利用光波干涉原理来测量表面粗糙度,使用的仪器称为干涉显微镜(见图5.17(c))。

通常干涉显微镜用于测量 Rz 参数,并可测到较小的参数值,一般测量范围是 $0.03 \sim 1 \ \mu m$。

5.7.3　针描法

针描法又称感触法,使用时金刚石针尖与被测表面相接触,当针尖以一定速度沿着被测表面移动时,被测表面的微观不平将使触针在垂直于表面轮廓的方向产生上下移动,然后这种上下移动转换为电信号并加以处理,即可得到相应的结果。人们可对记录装置记录得到的实际轮廓图进行分析计算,或直接从仪器的指示表中获得参数值。

采用针描法测量表面粗糙度的仪器称为电动轮廓仪(见图5.17(d)),它可直接指示 Ra 值,也可通过放大器记录出图形,作为 Rz 等多种参数的评定依据。

5.7.4　光切法

光切法就是利用"光切原理"来测量零件表面的粗糙度,工厂计量部门用的光切显微镜(又称双管显微镜,见图5.17(b))就是应用这一原理设计而成的。

光切法一般用于测量表面粗糙度的 Rz 参数,参数的测量范围依仪器的型号不同而有所差异。

(1)仪器说明及测量原理

①双管光切显微镜是利用光切原理测量表面粗糙度的光学仪器,它的外形如图5.18所示。

②光切法测量原理:在如图5.19(a)所示中,P_1、P_2 阶梯面表示被测表面的不平,其阶梯高度为 h。A 为一扁平光束,当它从45°方向投射在阶梯表面上时,就被折射成 S_1 和 S_2 两段,经 B 方向反射后,可在显微镜内看到 S_1 和 S_2 两段光带的放大像 S_1'' 和 S_2'',如图5.19(b)所示;同样,S_1 和 S_2 之间距离也被放大为 S_1'' 和 S_2'' 之间的距离 h'',只要用测微目镜测出 h'' 值,就可根据放大关系算出 h 值。

根据光学系统原理得出被测表面的不平度高度值 h 为

$$h = h' \times \cos 45° = \frac{h'' \times \cos 45°}{N}$$

式中　N——物镜放大倍数。

为了测量和计算方便,测微目镜中十字线的移动方向与被测量光带边缘宽度 h'' 成45°,如图5.20所示。

目镜测微器刻度套筒上的示值 h_1 与实际 h 的关系为

$$h = \frac{h''}{\cos 45°} = \frac{N \times h_1}{\cos^2 45°} = \frac{h_1}{2N}$$

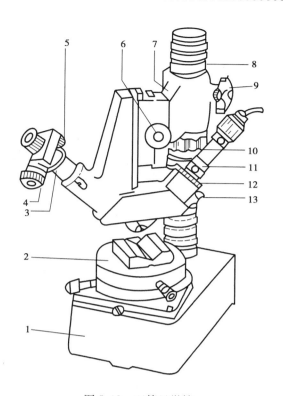

图 5.18　双管显微镜

1—底座;2—工作台;3—目镜;4—目镜调节手轮;5—紧定螺钉;

6—微调手轮;7—横臂;8—立柱;9—横臂固定螺钉;10—螺母

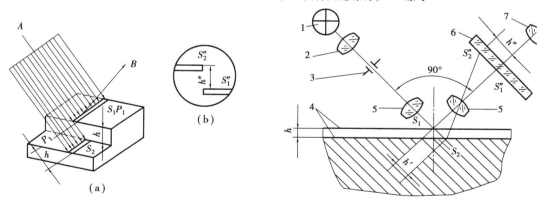

图 5.19　光学系统图

（2）测量步骤

①根据表面粗糙度要求,按表 5.11 选择合适的物镜,装在观察光管的下端。

②接通电源。

③擦净被测工件,把它放在工作台 2 上,并使被测表面的切削痕迹方向和光带垂直。若测量轴类零件的表面时,应放在 V 形铁上。

④粗调节:如图 5.18 中,用手托住横臂 7,松开横臂固定螺钉 9,缓慢旋转横臂调节螺母10,使横臂 7 上下移动,直到能从目镜中观察到被测表面轮廓的绿色光带,然后将螺钉 9 固紧。

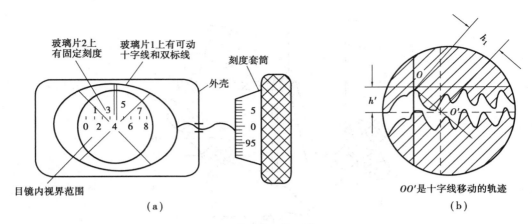

图 5.20　目镜示值

表 5.11　双臂光切显微镜物镜的选择

可换物镜放大倍数	物镜组放大倍数 N	视场直径/mm	物镜工作距离/mm	测量范围 $Rz/\mu m$
7 ×	3.9	2.5	17.8	10 ~ 80
14 ×	7.9	1.3	6.8	3.2 ~ 10
30 ×	17.3	0.6	1.6	1.6 ~ 6.3
60 ×	31.3	0.3	0.65	0.8 ~ 3.2

⑤细调节:缓慢往复转动微调手轮 6,使目镜中光带最狭窄,轮廓影像呈最清晰状态,并位于视场中央。

⑥松开紧定螺钉 5,转动目镜调节手轮 4,使目镜中十字线中的一根线与光带轮廓中心线大致平行,并将紧定螺钉 5 拧紧。

⑦旋转目镜测微器的刻度套筒,使目镜中十字线的一根与光带轮廓一边的峰(谷)相切,从测微器中读出该取样长度中最高峰(最低谷)的数值,在测量长度内分别测出 5 个峰和 5 个谷的数值,按下式算出 Rz,即

$$Rz = \left(\sum_{i=1}^{5} h_{\text{峰}} - \sum_{i=1}^{5} h_{\text{谷}} \right) / (5 \times N_1)$$

⑧纵向移动工作台,按上述步骤测量,共测出几个取样长度上的 Rz 值,计算其平均值。

⑨根据计算结果,判定被测表面的粗糙度 Rz 值。

⑩目测工件的粗糙度:根据粗糙度标准样块,目测被测工件的表面粗糙度的值。

⑪作出实训报告。

5.8　习　题

5.1　评定表面粗糙度时,为什么要规定取样长度和评定长度?

5.2　试述轮廓中线的含义及作用。

5.3　试述表面粗糙度评定参数 Ra、Rsm、Rz 的含义。

5.4　电动轮廓仪、双管显微镜(光切显微镜)和干涉显微镜各适于测量哪些参数?

5.5　试将下列的表面粗糙度轮廓技术要求标注在如图 5.21 所示的机械加工的零件图样上(未注明者皆采用默认的标准化值):

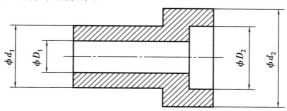

图 5.21

(1)ϕD_1 孔的表面粗糙度轮廓参数 Ra 的上限值为 3.2 μm。

(2)ϕD_2 孔的表面粗糙度轮廓参数 Ra 的最大值为 6.3 μm,最小值为 3.2 μm。

(3)零件右端面采用铣削加工,表面粗糙度轮廓参数 Rz 的上限值为 12.5 μm,下限值为 6.3 μm,加工纹理呈近似放射形。

(4)ϕd_1 和 ϕd_2 圆柱面的表面粗糙度轮廓参数 Rz 的上限值为 25 μm。

(5)其余表面的表面粗糙度轮廓参数 Ra 的上限值为 12.5 μm。

项目 **6**

普通螺纹结合的公差与检测

6.1 给定检测任务

普通螺纹结合的公差与检测给定的检测任务如图6.1所示。

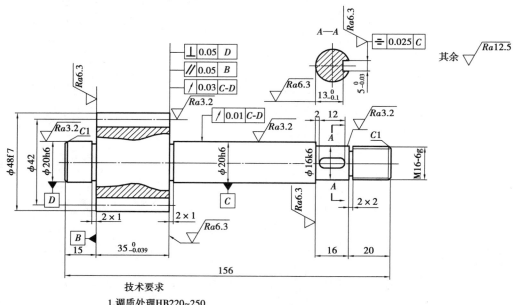

技术要求

1.调质处理HB220~250
2.锐边倒钝

图 6.1 齿轮轴

6.2　问题的提出

①分析图纸上螺纹的精度要求。

②查阅相关国家计量标准,理解 M16-6g 的标注含义。

③选择合适的计量器具和辅助工具检测所给零件螺纹。

④填写检测报告并进行数据处理。

6.3　普通螺纹公差与配合相关知识

6.3.1　螺纹的认识

如图 6.1 所示的图纸上的零件螺纹标有 M16-6g,请同学们弄清楚螺纹标记的含义。

一个完整的螺纹标记由螺纹特征代号、尺寸代号、螺纹公差代号及其他有必要进一步说明的个别信息组成。

图 6.1 中:

M 是螺纹特征代号。

M16 中的 16 是螺纹公称直径。

6 g 是螺纹的公差代号。

首先来了解一下螺纹的基础知识。

6.3.2　螺纹的种类及使用要求

提出问题:螺纹用在什么地方?

在机械和机电类产品中,螺纹是应用最为广泛的结构要素。螺纹的功用:首先是作为各种机械的连接构件,如螺钉、螺栓、螺柱及螺母等;其次是用作传递运动和力,如机床螺纹丝杠与螺母副,就是既传递运动又传递力的最好典型。

螺纹结合在机械制造业、机电产品和仪器中的应用十分广泛。螺纹的种类繁多,几何参数较复杂,但各种用途螺纹的牙型、公差与配合均有标准。其中使用普遍的普通螺纹所涉及的国家标准主要有《螺纹术语》(GB/T 14791—1993)、《普通螺纹　基本牙型》(GB/T 192—2003)、《普通螺纹　直径与螺距系列》(GB/T 193—2003)、《普通螺纹　公差》(GB/T 197—2003)以及《普通螺纹量规　技术条件》(GB/T 3934—2003)。另外,为了满足机床行业的需要,国家发展和改革委员会发布了《机床梯形丝杠、螺母　技术条件》(JB/T 2886—2008)。

螺纹的种类繁多,常用螺纹按用途分为普通螺纹、传动螺纹和管螺纹;按牙型可分为三角形螺纹、梯形螺纹和矩形螺纹等。

（1）普通螺纹

普通螺纹通常又称紧固螺纹,其作用是使零件相互联接或紧固成一体,并可拆卸。普通螺纹牙型是将原始三角形的顶部和底部按一定比例截取而得到的,有粗牙和细牙螺纹之分。普通螺纹类型很多,使用要求也有所不同,对于普通螺纹,如用螺栓联接减速器的箱座和箱盖、螺钉与机体联接等,对这类螺纹的要求主要是可旋合性及足够的联接强度。旋合性是指相同规格的螺纹易于旋入或拧出,以便于装配或拆卸。联接可靠性是指有足够的联接强度,接触均匀,螺纹不易松脱。

（2）传动螺纹

传动螺纹用于传递动力和位移。如千斤顶的起重螺杆和摩擦压力机的传动螺杆,主要用来传递动力,同时可使物体产生位移,但对所移位置没有严格要求,这类螺纹联接需有足够的强度;而机床进给机构中的微调丝杠、计量器具中的测微丝杠,主要用来传递精确位移,故要求传动准确。传动螺纹的牙型常用梯形、锯齿形和矩形等。

（3）管螺纹

管螺纹主要用于管件连接,如各种机械设备上液压、气动、润滑、冷却等管路系统中的管与管接头、管接头与机体连接用的管螺纹,包括非螺纹密封的管螺纹和螺纹密封的管螺纹。管螺纹的使用要求是保证连接强度和密封性。

这里主要介绍普通螺纹及其公差标准。

6.3.3　普通螺纹基本牙型和几何参数

螺纹的种类繁多,几何参数较复杂,各种用途的螺纹的牙型、公差与配合均各有国家标准,本节主要介绍使用最为广泛的米制普通螺纹的公差与配合及其应用。

（1）普通螺纹结合的基本要求

普通螺纹在机械设备、仪器仪表中广泛应用,主要用于联接和紧固零部件,为使其实现规定的功能要求并便于使用,必须满足以下条件:

1）可旋入性

可旋入性是指同一规格的内、外螺纹件在装配时不经挑选、不需任何修配,就能在给定的轴向长度内全部旋合。

2）联接可靠性

联接可靠性是指用于联接和紧固时,应具有足够的联接强度和紧固性,确保机器或装置的使用性能。

（2）普通螺纹基本牙型和几何参数

1）普通螺纹的基本牙型

螺纹牙型是指通过螺纹轴线的剖面上螺纹的轮廓形状,它是由牙顶、牙底以及两牙侧构成。普通螺纹的基本牙型按国家标准 GB 192—2003 规定,如图 6.2 所示。图中粗实线轮廓为基本牙型,细实线的三角形为原始等边三角形。

基本牙型是指按规定将原始三角形削去一部分后获得的牙型,内、外螺纹的大径、中径、小

⑥单一中径

单一中径是指螺纹牙槽宽度等于基本螺距一半处所在的假想圆柱的直径,如图6.3所示。当实际螺距等于基本螺距时,单一中径与中径一致;当实际螺距存在螺距误差时,单一中径与中径不一致。单一中径代表螺纹中径的实际尺寸。

⑦牙型角 α

螺纹的牙型角是指在螺纹牙型上,相邻两个牙侧面的夹角,如图6.2所示。米制普通螺纹的基本牙型角为60°。

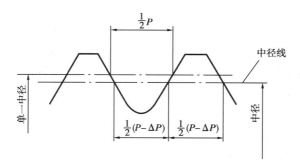

图6.3　螺纹的单一中径与中径

p—螺距;Δp—螺距偏差

⑧牙型半角 $\alpha/2$

螺纹的牙型半角指在螺纹牙型上,牙侧与螺纹轴线垂直线间的夹角,如图6.2所示。米制普通螺纹的基本牙型半角为30°。

⑨螺纹的接触高度

螺纹接触高度是指在两个相互旋合螺纹的牙型上,牙侧重合部分在螺纹径向的高度,如图6.4所示。

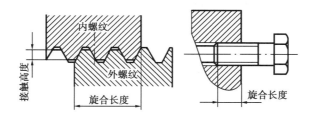

图6.4　螺纹的接触高度与旋合长度

⑩螺纹的旋合长度

螺纹的旋合长度是指两个相互旋合的螺纹,沿螺纹轴线方向相互旋合部分的长度,如图6.4所示。

实际工作中,如需要求螺纹(已知公称直径和螺距)中径、小径的尺寸,可根据基本牙型按下列公式计算,即

$$D_2(d_2) = D(d) - 2 \times 3/8H = D(d) - 0.649\ 5P \tag{6.1}$$

$$D_1(d_1) = D(d) - 2 \times 5/8H = D(d) - 1.082\ 5P \tag{6.2}$$

也可按国家标准普通螺纹的公称尺寸(GB 196—2003)直接查取。

（3）普通螺纹几何参数误差对螺纹互换性的影响

影响普通螺纹互换性的主要参数有5个：大径、小径、中径、螺距及牙型半角。由于内、外螺纹在加工时其大径、小径间留有很大间隙，即外螺纹的大径和小径分别小于内螺纹的大径和小径，其配合间隙完全可以保证其互换性要求。但外螺纹的大径和小径不能过小，内螺纹的大径和小径也不能过大，否则会降低连接强度。故标准对外螺纹的大径和内螺纹的小径给出了较大的公差要求（见表6.6）。因此，影响螺纹互换性的主要因素是中径误差、螺距误差及牙型半角误差。

1）螺纹中径误差对互换性的影响

螺纹在加工过程中，不可避免地会有加工误差，对螺纹结合的互换性造成影响。就螺纹中径而言，若外螺纹的中径比内螺纹的中径大，内、外螺纹将因干涉而无法旋合，从而影响螺纹的可旋入性；若外螺纹的中径与内螺纹的中径相比太小，又会使螺纹结合过松，同时影响接触高度，降低螺纹联接的可靠性。

为了保证螺纹的互换性，普通螺纹公差标准中对中径规定了公差，见表6.5。

2）螺距误差对互换性的影响

普通螺纹的螺距误差分为两种：一种是单个螺距误差，另一种是螺距累积误差。前者是指单个螺距的实际值与公称值的代数差，它与旋合长度无关；后者是指在指定的螺纹长度内，包含若干个螺距的任意两牙，在中径上相应两点之间的实际轴向距离与公称轴向距离的代数差，它与旋合长度有关。螺距累积误差使内、外螺纹螺牙在旋合时发生干涉，不能旋合。因此，影响螺纹可旋入性的主要原因是螺距累积误差，故本节只讨论螺距累积误差对互换性的影响。

如图6.5所示，假设内螺纹无螺距误差和半角误差，并假设外螺纹无半角误差但存在螺距累积误差。因此，内、外螺纹旋合时，牙侧面会产生干涉，并且随着旋合牙数的增加，牙侧的干涉量增大，最后不能再旋入，从而影响螺纹的可旋入性。由图6.5可知，为了让一个实际有螺距累积误差的外螺纹在所要求的旋合长度内全部旋入内螺纹，就需要将外螺纹的中径减小一个量，该量称为螺距累积误差的中径当量f_P，由图示关系可知，螺距累积误差的中径当量f_P（μm）的值为

$$f_P = \sqrt{3}\,|\Delta P_\Sigma| \approx 1.732\,|\Delta P_\Sigma| \tag{6.3}$$

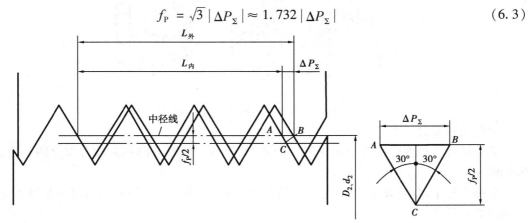

图6.5　螺距累积误差对可旋入性的影响

同理，当内螺纹存在螺距累积误差时，为保证可旋入性，应将内螺纹的中径增大一个量F_P。

3）螺纹牙型半角误差对互换性的影响

螺纹牙型半角误差等于实际牙型半角与其理论牙型半角之差。螺纹牙型半角误差包括两种：一种是牙型位置误差（见图6.6(a)），即 $\Delta\alpha/2_左 \neq \Delta\alpha/2_右$，这种误差是由于车削螺纹时，车刀未装正而造成的；另一种是牙型角度误差（见图6.6(b)），即 $\alpha_{实际} \neq 60°$，它是由于螺纹加工刀具的角度不等于60°所致。牙型半角误差会造成内、外螺纹的牙廓在旋合时发生干涉，不能旋合，并影响其联接强度。

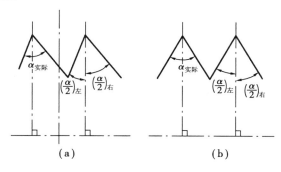

图6.6 螺纹的半角误差

如图6.7所示为外螺纹存在半角误差时对螺纹可旋入性的影响。在分析时，假设内螺纹具有理想的牙型，外螺纹无螺距误差，而外螺纹的左半角误差 $\Delta\alpha/2_{(左)} < 0$，右半角误差 $\Delta\alpha/2_{(右)} > 0$。此外，螺纹与具有理想牙型的内螺纹旋合时，将分别在螺牙的上半部 $3H/8$ 处和下半部 $2H/8$ 处发生干涉（见图6.7中用阴影示出），从而影响内、外螺纹的可旋入性。

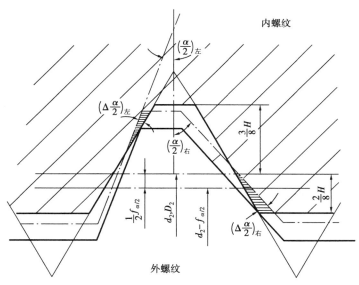

图6.7 半角误差对螺纹可旋入性的影响

为了让一个有半角误差的外螺纹仍能旋入内螺纹，必须将外螺纹的中径减小一个量，该量称为半角误差的中径当量 $f_{\alpha/2}$。这样，图6.7中阴影所示的干涉区就会消失，从而保证螺纹的可旋入性。由图中的几何关系，可推导出外螺纹牙型半角误差的中径当量 $f_{\alpha/2}$（μm）为

$$f_{\frac{\alpha}{2}} = 0.073P\left[K_1\left|\frac{\Delta\alpha}{2}_{(左)}\right| + K_2\left|\frac{\Delta\alpha}{2}_{(右)}\right|\right] \tag{6.4}$$

式中　P——螺距,mm;

$\dfrac{\Delta\alpha}{2}_{(左)}$——左半角误差,($'$);

$\dfrac{\Delta\alpha}{2}_{(右)}$——右半角误差,($'$);其中

$$\left(\frac{\alpha}{2}\right)_{(左)} \neq \left(\frac{\alpha}{2}\right)_{(右)} \qquad \alpha_{实际} \neq 60°$$

K_1、K_2——系数。

式(6.4)是一个通式,是以外螺纹存在半角误差时推导整理出来的。当假设外螺纹具有理想牙型,而内螺纹存在半角误差时,就需要将内螺纹的中径加大一个$F_{\alpha/2}$,故式(6.4)对内螺纹同样适用。关于式中K_1、K_2两个系数的取法,规定如下:不论是外螺纹还是内螺纹存在半角误差,当左半角误差(或右半角误差)导致干涉区在牙型的上半部($3H/8$)时,K_1(或K_2)取3;当左半角误差(或右半角误差)导致干涉区在牙型的下半部($2H/8$处)时,K_1(或K_2)取2。为清楚起见,将K_1、K_2的取值列于表6.2,供选用。

表6.2　k_1、k_2值的取法

内螺纹				外螺纹			
$\Delta\frac{\alpha}{2}_{(左)}>0$	$\Delta\frac{\alpha}{2}_{(左)}<0$	$\Delta\frac{\alpha}{2}_{(右)}>0$	$\Delta\frac{\alpha}{2}_{(右)}<0$	$\Delta\frac{\alpha}{2}_{(左)}>0$	$\Delta\frac{\alpha}{2}_{(左)}<0$	$\Delta\frac{\alpha}{2}_{(右)}>0$	$\Delta\frac{\alpha}{2}_{(右)}<0$
K_1		K_2		K_1		K_2	
3	2	3	2	2	3	2	3

(4)保证普通螺纹互换性的条件

1)普通螺纹作用中径的概念

当普通螺纹没有螺距误差和牙型半角误差时,内、外螺纹旋合时起作用的中径就是螺纹的实际中径,但当螺纹存在误差时,如外螺纹有牙型半角误差,为了保证其可旋入性,须将外螺纹的中径减小一个牙型半角误差的中径当量$f_{\alpha/2}$,否则,外螺纹将不能旋入具有理想牙型的内螺纹,即相当于外螺纹在旋合时真正起作用的中径比实际中径增大了一个$f_{\alpha/2}$值。同理,当该外螺纹同时又存在螺距累积误差时,该外螺纹真正起作用的中径又比原来增大了一个f_P值。因此,对于外螺纹而言,螺纹结合中起作用的中径(作用中径$d_{2作用}$)为

$$d_{2作用} = d_{2单-} + (f_{\alpha/2} + f_P) \tag{6.5}$$

对于内螺纹而言,当存在牙型半角误差和螺距累积误差时,相当于内螺纹在旋合时起作用的中径值减小了,即内螺纹的作用中径为

$$D_{2作用} = D_{2单-} - (F_{\alpha/2} + F_P) \tag{6.6}$$

因此,螺纹在旋合时起作用的中径(即作用中径)是由实际中径(单一中径)、螺距累积误差、牙型半角误差三者综合作用的结果。

2)保证普通螺纹互换性的条件

在螺纹结合中,作用中径将中径误差、螺距误差和牙型半角误差联系在一起,并且是影响

螺纹互换性的主要因素;同时如果内螺纹单一中径过大,外螺纹单一中径过小,虽然能保证可旋入性,但由此而造成过大的间隙会影响其配合质量和联接强度,因此,单一中径也影响螺纹互换性,必须加以限制。由此可知,要保证螺纹的互换性,就要保证内、外螺纹的作用中径和单一中径不超过各自一定的界限值。在概念上,作用中径与作用尺寸等同,单一中径与实际尺寸等同。

按照极限尺寸判断原则,螺纹互换性的条件为螺纹的作用中径不允许超过螺纹中径的最大实体尺寸(最大实体牙型的中径),任何位置上的单一中径不允许超过螺纹中径的最小实体尺寸(最小实体牙型的中径),即:

对外螺纹:

$$d_{2\text{作用}} \leqslant d_{2\text{max}}, d_{2\text{单一}} \geqslant d_{2\text{min}}$$

对内螺纹:

$$D_{2\text{作用}} \geqslant D_{2\text{min}}, D_{2\text{单一}} \leqslant D_{2\text{max}}$$

所谓最大(最小)实体牙型,指的是在螺纹中径的公差范围内,螺纹含材料量最多(最少)且与基本牙型一致的螺纹牙型。

6.3.4　普通螺纹的公差与配合

对普通螺纹的公差与配合国家标准有《普通螺纹　公差与配合》(GB 197—2003),其内容包括普通螺纹公差带的位置和基本偏差、螺纹公差带的大小和公差等级、螺纹的旋合长度、螺纹的选用公差带和配合以及螺纹的标记等。

标准规定了供选用的螺纹公差带及具有最小保证间隙(包括最小间隙为零)的螺纹配合、旋合长度及精度等级。但没有对普通螺纹的牙型半角误差和螺距累积误差制订极限误差或公差,而是用中径公差综合控制,即中径对于牙型半角的中径当量 $f_{\alpha/2}$($F_{\alpha/2}$)、中径对于螺距累积误差的中径当量 f_P(F_P)及中径实际误差,三者均应在中径公差范围内。

(1)普通螺纹的公差带

普通螺纹大径、中径、小径的公差带都是以基本牙型为零线,由基本偏差确定公差带的位置,公差值确定公差带的大小,并沿牙型的牙顶、牙侧、牙底分布,在垂直于螺纹轴线的方向上计量,如图6.8所示。图6.8中,ES(es)、EI(ei)分别为内(外)螺纹的上、下极限偏差,T_{D2}(T_{d2})分别为内(外)螺纹的中径公差。由图6.8可知,除了对内、外螺纹的中径规定了公差(见表6.5)外,对外螺纹的顶径(大径)和内螺纹的顶径(小径)也规定了公差(见表6.6);对外螺纹的小径规定了上极限尺寸、内螺纹的大径规定了下极限尺寸,避免螺纹旋合时在大径、小径处发生干涉,以保证螺纹的互换性;同时外螺纹牙底轮廓可以是光滑曲线,一般由刀具保证,以提高螺纹的抗疲劳强度能力。

1)公差带的位置和基本偏差

国家标准 GB 197—2003 中分别对内、外螺纹规定了基本偏差,用来确定内、外螺纹公差带相对于基本牙型的位置。

对外螺纹国家标准规定了 h、g、f、e 这4种基本偏差,并且公差带均在基本牙型之下,如图6.9(a)所示。对内螺纹规定了 H、G 两种基本偏差,并且公差带均在基本牙型之上,如图6.9(b)所示。H 和 h 的基本偏差为零,G 的基本偏差为正值,e、f、g 的基本偏差为负值,它们的数值可从表6.3查取。

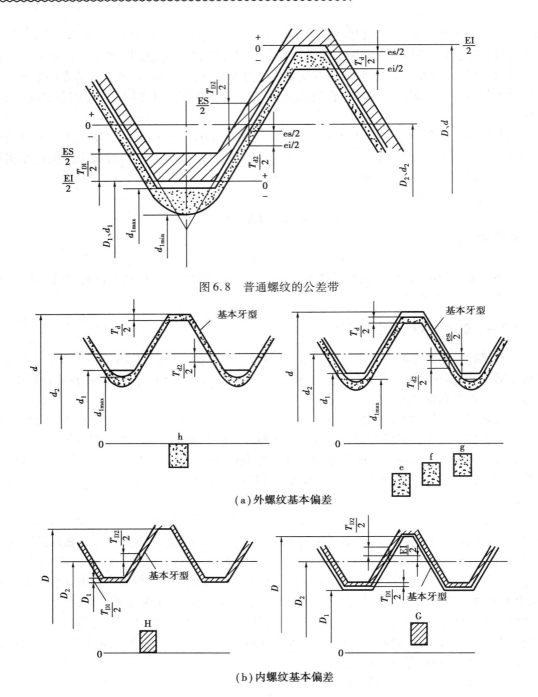

图 6.8　普通螺纹的公差带

（a）外螺纹基本偏差

（b）内螺纹基本偏差

图 6.9　内外螺纹的基本偏差

2）公差带的大小和公差等级

国家标准 GB 197—2003 规定了内、外螺纹的中径和顶径公差等级,它的含义和孔、轴公差等级相似,但有自己的系列,见表 6.4。其公差带的大小由公差值决定,公差值除与公差等级有关外,还与基本螺距有关,见表 6.5、表 6.6。考虑到内、外螺纹加工的工艺等价性,在公差等级和螺距的基本值均一样的情况下,内螺纹的公差值比外螺纹的公差值大 32%。一般情况下,螺纹的常用公差等级为 6 级。

表 6.3　内、外螺纹的基本偏差(摘自 GB 197—2003)/μm

螺距 P/mm	基本偏差					
	内螺纹		外螺纹			
	G	H	e	f	g	h
	EI	EI	es	es	es	es
0.2	+17	0	—	—	−17	0
0.25	+18	0	—	—	−18	0
0.3	+18	0	—	—	−18	0
0.35	+19	0	—	−34	−19	0
0.4	+19	0	—	−34	−19	0
0.45	+20	0	—	−35	−20	0
0.5	+20	0	−50	−36	−20	0
0.6	+21	0	−53	−36	−21	0
0.7	+22	0	−56	−38	−22	0
0.75	+22	0	−56	−38	−22	0
0.8	+24	0	−60	−38	−24	0
1	+26	0	−60	−40	−26	0
1.25	+28	0	−63	−42	−28	0
1.5	+32	0	−67	−45	−32	0
1.75	+34	0	−71	−48	−34	0
2	+38	0	−71	−52	−38	0
2.5	+42	0	−80	−58	−42	0
3	+48	0	−85	−63	−48	0

表 6.4　螺纹的公差等级

螺纹直径	公差等级	螺纹直径	公差等级
内螺纹小径 D_1	4、5、6、7、8	外螺纹中径 d_2	3、4、5、6、7、8、9
内螺纹中径 D_2	4、5、6、7、8	外螺纹大径 d	4、6、8

表 6.5　内、外螺纹的中径公差(摘自 GB 197—2003)/μm

基本大径/mm		螺距	内螺纹中径公差 T_{D_2}					外螺纹中径公差 T_{d_2}						
			公差等级					公差等级						
>	≤	P/mm	4	5	6	7	8	3	4	5	6	7	8	9
5.6	11.2	0.75	85	106	132	170	—	50	63	80	100	125	—	—
		1	95	118	150	190	236	56	71	90	112	140	180	224
		1.25	100	125	160	200	250	60	75	95	118	150	190	236
		1.5	112	140	180	224	280	67	85	106	132	170	212	265

续表

基本大径/mm		螺 距	内螺纹中径公差 T_{D_2}					外螺纹中径公差 T_{d_2}					
			公差等级					公差等级					
>	≤	P/mm	4	5	6	7	8	3	4	5	6	7	8	9
		1	100	125	160	200	250	60	75	95	118	150	190	236
		1.25	112	140	180	224	280	67	85	106	132	170	212	265
11.2	22.4	1.5	118	150	190	236	300	71	90	112	140	180	224	280
		1.75	125	160	200	250	315	75	95	118	150	190	236	300
		2	132	170	212	265	335	80	100	125	160	200	250	315
		2.5	140	180	224	280	355	85	106	132	170	212	265	335
		1	106	132	170	212	—	63	80	100	125	160	200	250
22.4	45	1.5	125	160	200	250	315	75	95	118	150	190	236	300
		2	140	180	224	280	355	85	106	132	170	212	265	335
		3	170	212	265	335	425	100	125	160	200	250	315	400

表 6.6　内、外螺纹的顶径公差 T_{D_1}、T_d（摘自 GB 197—2003）/μm

公差项目	内螺纹顶径（小径）公差 T_{D_1}					外螺纹顶径（大径）公差 T_d		
螺距 P/mm	4	5	6	7	8	4	6	8
0.75	118	150	190	236	—	90	140	—
0.8	125	160	200	250	315	95	150	236
1	150	190	236	300	375	112	180	280
1.25	170	212	265	335	425	132	212	335
1.5	190	236	300	375	475	150	236	375
1.75	212	265	335	425	530	170	265	425
2	236	300	375	475	600	180	280	450
2.5	280	355	450	560	710	212	335	530
3	315	400	500	630	800	236	375	600

（2）螺纹旋合长度和配合精度、螺纹公差带和配合选用

1）螺纹旋合长度和配合精度

螺纹的公差等级是指螺纹的制造精度，而螺纹的配合精度是由螺纹的公差等级和螺纹的旋合长度组合形成的。因此，按不同公差等级和不同旋合长度的组合，螺纹的配合精度可分为精密级、中等级、粗糙级。根据不同中径和螺距，GB 197—2003 把旋合长度分为短旋合长度（以 S 表示）、中等旋合长度（以 N 表示）、长旋合长度（以 L 表示）3 种。一般使用的旋合长度是螺纹公称直径的 0.5～1.5 倍，故将此范围内的旋合长度作为中等旋合长度，小于（或大于）这个范围的便是短（或长）旋合长度。

2）螺纹的选用公差带

螺纹的公差带与配合应根据使用要求、工作条件及结构状况等因素进行选取。

首先,应确定螺纹公差带位置。对内螺纹通常选取 H,当工作温度较高时选取 G。对外螺纹,要求配合间隙小及无须涂镀时选取 h,当螺纹需要涂镀时可选取 g、f、e;在成批大量生产时选取 g,在中等腐蚀条件下工作时选取 f,当工作条件很差且工作温度较高时选取 e。

然后,确定螺纹的精度等级。螺纹精度代表了螺纹的加工难易程度,同一级精度则加工难易程度相同。其选择的一般原则:一般采用中等级;当要求螺纹配合性质稳定时采用精密级;当精度要求不高或制造比较困难时采用粗糙级。选用公差带时,一般情况下采用中等旋合长度的 6 级公差等级,生产中广泛应用 6H、6h,成批大量生产时应用 6H、6g。

螺纹精度与公差等级有密切关系,随着公差等级的提高而相应提高。但是,相同公差等级的螺纹,随着旋合长度增加螺距累积误差逐渐增大,会对配合性质产生影响。因此,要满足相同的配合性质,随着旋合长度的增加,公差等级相应降低。由此可知,螺纹精度不仅与公差等级有关,而且与旋合长度有关,见表 6.7。选用公差带时可参考表中的注解,为了减少螺纹加工的刀具、量具的规格数量,一般不要选用表中规定以外的公差带。

螺纹公差带的写法是公差等级在前,基本偏差代号在后。外螺纹基本偏差代号小写,内螺纹大写。表 6.7 中有些螺纹的公差带是由两个公差带代号组成的,其中,前面一个公差带代号为中径公差带,后面一个为顶径公差带(外螺纹为大径公差带,内螺纹为小径公差带)。当顶径与中径公差带相同时,合写为一个公差带代号。

表 6.7　普通螺纹的选用公差带

精度等级	内螺纹公差带			外螺纹公差带		
	S	N	L	S	N	L
精密级	4H	5H	6H	(3h4h)	**4h**	(5h4h)
					(4g)	(5g4g)
中等级	**5H**	6H	**7H**		**6e**	(7e6e)
					6f	
	5(G)	**6G**	(7G)	(5g6g)	6g	(7g6g)
				5h6h	6h	(7h6h)
粗糙级	—	7H	8H	—	(8e)	(9e8e)
		(7G)	(8G)		8g	(9g8g)

注:公差带优选顺序为粗字体公差带、一般字体公差带、括号内公差带。带方框的粗字体公差带用于大量生产的紧固件螺纹。

3)配合的选用

内、外螺纹公差带可按表 6.7 所列任意组合。为保证螺纹的使用性能和保证一定的牙型接触高度以及拆装方便,完工后的螺纹最好采用 H/g、H/h、G/h 配合。如为了便于装拆,提高效率,可选用 H/g 或 G/h 的配合,因为它们装配后所形成的最小极限间隙可用来对内、外螺纹的旋合起引导作用;表面需要镀涂的内(外)螺纹,涂镀后以满足 H/h 和 H/g 配合为宜。单件小批生产的螺纹,宜选用 H/h 配合。大量生产的精制紧固螺纹推荐采用 6H/6g。对于公称直径小于和等于 1.4 mm 的螺纹,应采用 5H/6h、4H/6h 或更精密的配合。

(3)螺纹在图样上的标记

螺纹的完整标记由螺纹特征代号、尺寸代号(公称直径×螺距基本值)、螺纹公差带代号

（中径、顶径）、螺纹旋合长度组代号、旋向代号等组成，并且尺寸代号、公差带代号、旋合长度组代号和旋向代号之间用短线"-"分开。

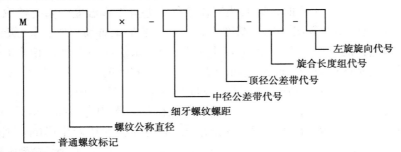

单个螺纹的标记：

当螺纹是粗牙螺纹时，螺距不写出；当螺纹为左旋时，在左旋螺纹标记位置写"LH"字样，右旋螺纹不用写；当螺纹的中径和顶径公差带相同时，合写为一个；当螺纹旋合长度为中等时，不写代号；当旋合长度需要标出具体值时，应在旋合长度代号标记位置写出其具体值。

示例 1：M20 ×2-7g6g-L-LH

示例 2：M10-7H

示例 3：M10 ×1-5H6H

螺纹配合在图样上的标记：

标注螺纹配合时，内、外螺纹的公差带代号用斜线分开，右边为外螺纹公差带代号，左边为内螺纹公差带代号。

示例 4：M20 ×2-6H/6g

（4）螺纹的表面粗糙度要求

螺纹牙型表面粗糙度主要根据中径公差等级来确定。表6.8列出了螺纹牙侧表面粗糙度参数 Ra 的推荐值，供设计时选用。

表6.8　螺纹牙侧表面粗糙度参数 Ra 值/μm

工　件	螺纹中径公差等级		
	4,5	6,7	7 ~9
	Ra 不大于		
螺栓、螺钉、螺母	1.6	3.2	3.2 ~6.3
轴及轴套上的螺纹	0.8 ~1.6	1.6	3.2

例6.1　一螺纹配合为 M20 ×2-6H/5g6g，试查表求出内、外螺纹的中径、小径和大径的极限偏差，并计算内、外螺纹的中径、小径和大径的极限尺寸。

解　本题用列表法将各计算值列出。

1）确定内、外螺纹中径、小径和大径的公称尺寸

已知公称直径为螺纹大径的公称尺寸，即

$$D = d = 20 \text{ mm}$$

从普通螺纹各参数的关系知

$$D_1(d_1) = D(d) - 1.082\,5P$$

$$D_2(d_2) = D(d) - 0.649\,5P$$

实际工作中,可直接查有关表格。

2)确定内、外螺纹的极限偏差

内、外螺纹的极限偏差可以根据螺纹的公称直径和内、外螺纹的公差带代号,由表6.3、表6.5、表6.6中查算出。具体见表6.9。

3)计算内、外螺纹的极限尺寸

由内、外螺纹的各公称尺寸及各极限偏差算出的极限尺寸见表6.9。

表6.9 极限尺寸/mm

名 称		内螺纹		外螺纹	
公称尺寸	大径	$D = d = 20$			
	中径	$D_2 = d_2 = 18.701$			
	小径	$D_1 = d_1 = 17.835$			
极限偏差		ES	EI	es	ei
	大径	—	0	−0.038	−0.318
	中径	0.212	0	−0.038	−0.163
	小径	0.375	0	−0.038	按牙底形状
极限尺寸		上极限尺寸	下极限尺寸	上极限尺寸	下极限尺寸
大径		—	20	19.962	19.682
中径		18.913	18.701	18.663	18.538
小径		18.210	17.835	<17.797	牙底轮廓不超出 $H/8$ 削平线

6.4 普通螺纹的检测

前面已经学过螺纹公差的相关知识,那么如何检测工件的螺纹误差呢?可以根据表6.10的要求,分析选择用什么规格的计量器具,确定测量部位、测量次数、进行数据处理及判断工件的合格与否。

表6.10 零件测量报告

实训项目	M16-6g
使用器具规格	
测量部位	
测量部位理论尺寸	

续表

实训项目		M16-6g
实测尺寸	1	
	2	
	3	
	4	
	5	
平均值		
合格性结论		

螺纹的检测方法分为综合检验法和单项测量法两类。

6.4.1　综合检验法

综合检验法是采用螺纹量规和光滑极限量规对螺纹进行综合检验,它们都由通规(通端)和止规(止端)组成。光滑极限量规用于检验内、外螺纹顶径尺寸的合格性;螺纹量规的通规用于检验内、外螺纹的作用中径及底径的合格性;螺纹量规的止规用于检验内、外螺纹单一中径的合格性。螺纹量规是按极限尺寸判断原则设计的,螺纹通规模拟最大实体牙型,因此具有完整的牙型,其长度应等于被检螺纹的旋合长度,用于检验螺纹作用中径的正确性。若被检螺纹的作用中径未超过螺纹的最大实体牙型中径,且被检螺纹的底径也合格,那么螺纹通规就会在旋合长度内与被检螺纹顺利旋合。

螺纹量规的止规用于检验被检螺纹的单一中径。为了避免牙型半角误差及螺距累积误差对检验的影响,止规的牙型常制成截短型牙型,以使止端只在单一中径处与被检螺纹的牙侧接触,并且止端的牙扣只做出几牙。

如图 6.10 所示为检验外螺纹的示例,用卡规先检验外螺纹顶径的合格性,再用螺纹量规(检验外螺纹的称为螺纹环规)的通端检验,若外螺纹的作用中径合格,且底径(外螺纹小径)没有大于其最大极限尺寸,通端应能在旋合长度内与被检螺纹旋合。若被检螺纹的单一中径合格,螺纹环规的止端不应通过被检螺纹,但允许旋进最多 2～3 牙。

如图 6.11 所示为检验内螺纹的示意图。用光滑极限量规(塞规)检验内螺纹顶径的合格性。再用螺纹量规(螺纹塞规)的通端检验内螺纹的作用中径和底径,若作用中径合格且内螺纹的大径不小于其最小极限尺寸,通规应在旋合长度内与内螺纹旋合。若内螺纹的单一中径合格,螺纹塞规的止端就不能通过,但允许旋进最多 2～3 牙。

6.4.2　单项测量法

(1)用螺纹千分尺测量普通外螺纹中径

螺纹千分尺的构造与外径千分尺相似,如图 6.12 所示。差别仅在于两个测量头的形状。

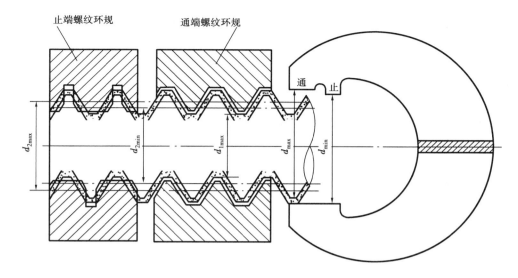

图 6.10　外螺纹的综合检验

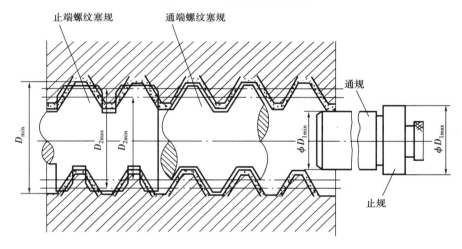

图 6.11　内螺纹的综合检验

螺纹千分尺的测量头制成与螺纹牙型相吻合的形状,即一个为 V 形测量头,与螺纹牙型凸起部分相吻合;另一个为圆锥形测量头,与螺纹牙型沟槽相吻合。

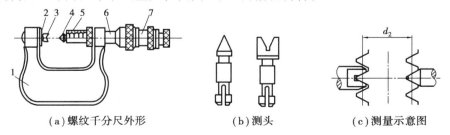

（a）螺纹千分尺外形　　　　　　（b）测头　　　　　（c）测量示意图

图 6.12　螺纹千分尺测量普通外螺纹中径

1—弓架;2—架砧;3—V 形测头;4—圆锥形测头;5—测杆;6—内套筒;7—外套筒

螺纹千分尺有一套可换测量头,每对测量头只能用来测量一定螺距范围的螺纹。因此,螺纹千分尺的测量范围分两个方面:一是千分尺的测量范围,如 0 ~ 25 mm、25 ~ 50 mm、50 ~ 75 mm、75 ~ 100 mm、100 ~ 125 mm、125 ~ 150 mm、150 ~ 175 mm、175 ~ 200 mm;二是每对测头所能测量螺距的范围。

用螺纹千分尺测得的数值是螺纹中径的实际尺寸,不包括螺距误差和牙型半角误差在中径上的当量值。螺纹千分尺的测量头是根据牙型角和螺距的标准尺寸制造的,当被测量的外螺纹存在螺距和牙型半角误差时,测量头与被测量的外螺纹不能很好地吻合,故测出的螺纹中径的实际尺寸误差比较大,一般误差为 0.05 ~ 0.20 mm,因此,螺纹千分尺只能用于工序间测量或对粗糙级的螺纹工件测量。

测量步骤如下:

①根据图纸上普通螺纹公称尺寸,选择合适规格的螺纹千分尺。

②测量时,根据被测螺纹螺距大小按螺纹千分尺选择 1、2 的测头型号,依图 6.12 所示的方式装入螺纹千分尺,并读取零位值。

③测量时,应从不同截面、不同方向多次测量螺纹中径,从螺纹千分尺中读取示值后减去零位的代数值,并记录。

④查出被测螺纹中径的极限值,判断其中径的合格性。

(2)三针测量法测量普通螺纹中径

用量针测量螺纹中径,分单针法和三针法测量。单针法常用于大直径螺纹中径的测量,如图 6.13 所示。这里主要介绍三针法测量螺纹。

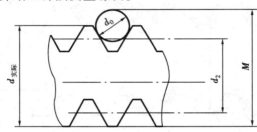

图 6.13　单针法测量螺纹中径

三针法是用来测量螺纹实际中径的一种方法,采用 3 根直径相等的量针和外径千分尺进行测量,量针是由量具厂专门生产的,如图 6.14 所示。测量时,根据被测螺纹的螺距选择合适的量针直径(即量针与牙槽接触点的轴间距离正好在基本螺距一半处),直接将 3 根量针分别放在螺纹直径两边的沟槽中,然后用外径千分尺测出针距 M,如图 6.15 所示。根据已知的螺距 P、牙型半角 $\frac{\alpha}{2}$ 和量针直径 d_0 的数值,按其几何关系可计算出单一中径 d_{2s},即

$$d_{2s} = M - d_0\left(1 + \frac{1}{\sin \alpha/2}\right) + \frac{P}{2}\cot \frac{\alpha}{2}$$

对于米制普通三角形螺纹,其牙型半角为 $\frac{\alpha}{2} = 30°$,代入上式得

$$d_{2s} = M - 3d_0 + \frac{\sqrt{3}}{2}P$$

当螺纹存在牙型半角误差时,量针与牙槽接触位置的轴向距离便不在 $\frac{P}{2}$ 处,这就造成了测

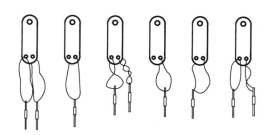

图 6.14 三针测量法所用量针

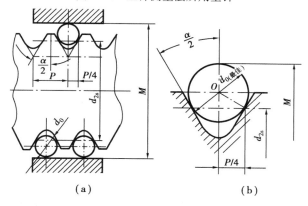

图 6.15 三针法测量螺纹中径

量误差,为了减小牙型半角误差对测量结果的影响,应选取最佳量针直径 $d_{0(最佳)}$,由图 6.15(b)可知,有

$$d_{0(最佳)} = \frac{1}{\sqrt{3}}P$$

因此,最后的计算公式可简化为

$$d_{2s} = M - \frac{3}{2}d_{0(最佳)}$$

三针法测量螺纹中径的步骤如下:

①根据被测螺纹的螺距选择合适的量针直径(即量针与牙槽接触点的轴间距离正好在基本螺距一半处)。

②擦净零件的被测表面和量具的测量面,直接将 3 根量针分别放在螺纹直径两边的沟槽中,然后用外径千分尺测出针距 M。

③重复上述步骤,在螺纹的不同截面、不同方向多次测量,逐次记录数据。

④判断零件的合格性。

(3)影像法

用工具显微镜(见图 6.16)测量属于影像法测量,将被测螺纹牙型轮廓放大成像在镜头中,能测量螺纹的各种参数。如测量螺纹的大径、中径、小径、螺距及牙型半角等几何参数。

现以测量螺纹牙型半角为例,简单介绍用工具显微镜测量螺纹几何参数。

先将被测工件顶在工具显微镜上的两顶尖间,接通电源后根据被测螺纹的中径尺寸,调好合适的光阑直径,转动立柱倾斜手轮 12,使立柱 14 向一边倾斜一个被测螺纹的螺旋角 φ,转动目镜 1 上的调整螺钉,使目镜视场内的米字线清晰,松开锁紧螺钉 16,转动升降手轮 17,使目镜视场内被测螺纹的牙型轮廓变得清晰,再旋紧锁紧螺钉16。

当角度目镜18中的示值为0°0′时,表示米字线中间虚线 $A—A$ 垂直于工作台纵向轴线。将 $A—A$ 线与牙型轮廓影像的一个牙侧面相靠(见图6.17(a))。此时,角度目镜中的示值即为该侧的牙型半角值。

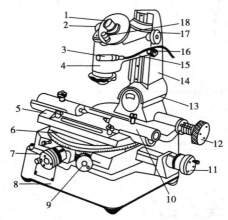

图6.16 大型工具显微镜

1—目镜;2—旋转米字线手轮;3—角度读数目镜光源;4—光学放大镜组;
5—顶尖座;6—圆工作台;7—横向千分尺;8—底座;9—圆工作台转动手轮;10—顶尖;
11—纵向千分尺;12—立柱倾斜手轮;13—连接座;14—立柱;15—立臂;16—锁紧螺钉;
17—升降手轮;18—角度目镜

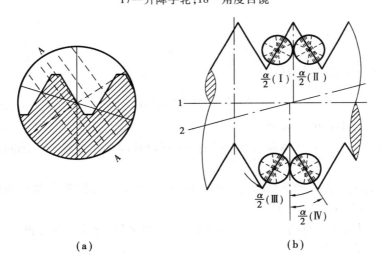

图6.17 螺纹牙型半角的测量

为了消除被测螺纹安装误差对测量结果的影响,应在左、右两侧面分别测出 $\frac{\alpha}{2}$(Ⅰ)、$\frac{\alpha}{2}$(Ⅱ)、$\frac{\alpha}{2}$(Ⅲ)、$\frac{\alpha}{2}$(Ⅳ),如图6.17(b)所示。计算出其平均值为

$$\frac{\alpha}{2}_{(左)} = \frac{1}{2}\Big[\frac{\alpha}{2}(Ⅰ) + \frac{\alpha}{2}(Ⅳ)\Big]$$

$$\frac{\alpha}{2}_{(右)} = \frac{1}{2}\left[\frac{\alpha}{2}(\text{II}) + \frac{\alpha}{2}(\text{III})\right]$$

将它们与牙型半角的基本值$\frac{\alpha}{2}$比较,得牙型半角误差值为

$$\Delta\frac{\alpha}{2}_{(左)} = \frac{\alpha}{2}_{(左)} - \frac{\alpha}{2}$$

$$\Delta\frac{\alpha}{2}_{(右)} = \frac{\alpha}{2}_{(右)} - \frac{\alpha}{2}$$

(4)完成报告

完成后的零件测量报告见表 6.11。

表 6.11　零件测量报告

实训项目		M16-6g	M16-6g
使用器具规格		公法线千分尺(三针法)	螺纹千分尺
测量部位		中径	中径
测量部位理论尺寸			
实测尺寸	1		
	2		
	3		
	4		
	5		
平均值			
合格性结论			

6.5　习　题

6.1　以外螺纹为例,试比较其中径 d_2、单一中径 $d_{2单一}$、作用中径 $d_{2作用}$ 的异同点,三者在什么情况下是相等的?

6.2　什么是普通螺纹的互换性要求?从几何精度上如何保证普通螺纹的互换性要求?

6.3　同一精度级的螺纹,为什么旋合长度不同中径公差等级也不同?

6.4　用螺纹量规检验螺纹,已知被检螺纹的顶径是合格的,检验时螺纹通规未通过被检螺纹,试分析被检螺纹存在的实际误差。

6.5　用三针法测量外螺纹的单一中径时,为什么要选取最佳直径的量针?

项目 **7**

零件综合测量

7.1 给定检测任务

零件综合测量给定的检测任务如图7.1—图7.3所示。

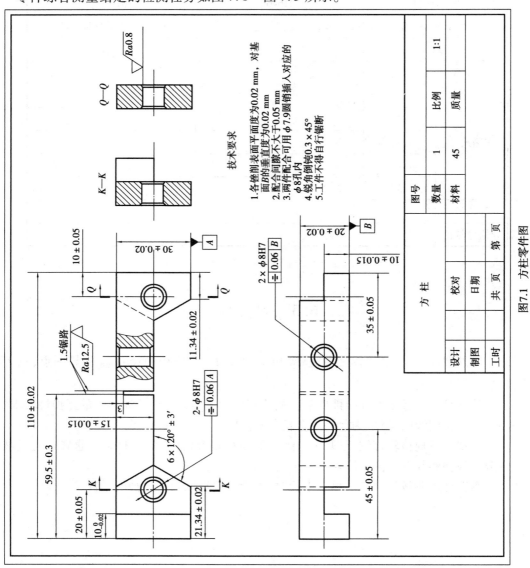

图7.1 方柱零件图

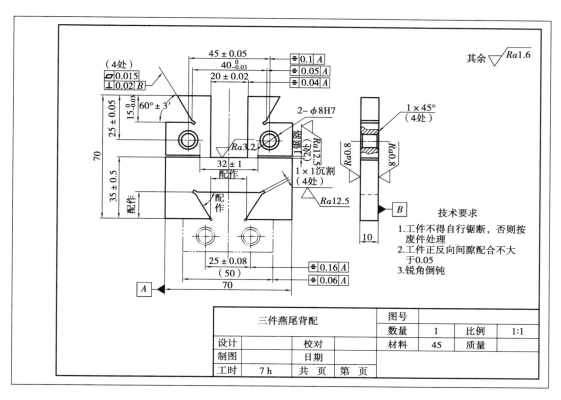

图 7.2　三件燕尾背配

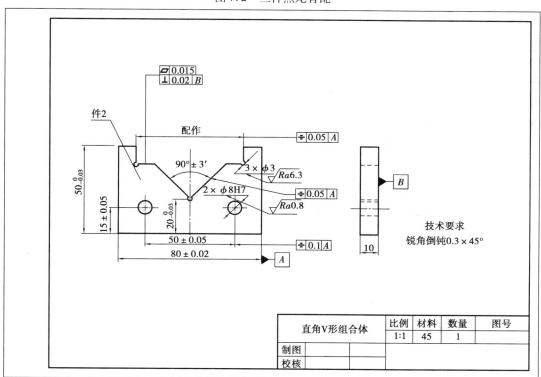

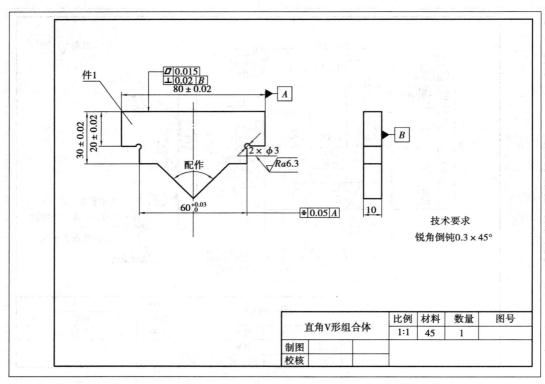

技术要求

锐角倒钝0.3×45°

直角V形组合体	比例	材料	数量	图号
	1:1	45	1	
制图				
校核				

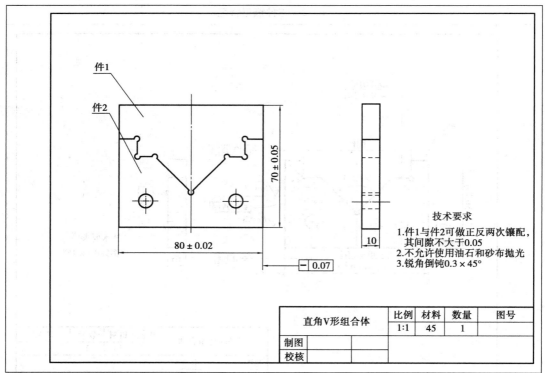

技术要求

1.件1与件2可做正反两次镶配,
  其间隙不大于0.05
2.不允许使用油石和砂布抛光
3.锐角倒钝0.3×45°

直角V形组合体	比例	材料	数量	图号
	1:1	45	1	
制图				
校核				

图 7.3　直角 V 形组合体

7.2　零件综合测量

7.2.1　方柱综合测量

如图 7.1 所示为方柱零件图,现要求对该零件进行综合检测。从图 7.1 可知,要测量的项目包括外圆和长度尺寸、几何误差和粗糙度误差等。

（1）任务

同学们自行分析图纸中的各项要求。

（2）信息

读图,根据各项要求确定计量器具、测量方法和测量部位等。

（3）计划

确定测量方案。

1）110 ± 0.02

用准确度等级为 1 级测量范围为 100 ~ 125 mm 的外径千分尺在工件被测表面均匀分布至少 4 点进行测量,测得值均不得超出极限偏差允许范围。

2）30 ± 0.02

用准确度等级为 1 级测量范围为 25 ~ 50 mm 的外径千分尺在工件被测表面均匀分布至少 6 点进行测量,测得值均不得超出极限偏差允许范围。

3）20 ± 0.02

用准确度等级为 1 级测量范围为 0 ~ 25 mm 的外径千分尺在工件被测表面均匀分布至少 6 点进行测量,测得值均不得超出极限偏差允许范围。

4）$10_{-0.02}^{0}$

用准确度等级为 1 级测量范围为 0 ~ 25 mm 的外径千分尺在工件被测表面均匀分布至少 4 点进行测量,测得值均不得超出极限偏差允许范围。

5）21.34 ± 0.02

将工件放置在 1 级平板上,用准确度等级为 1 级测量范围为 25 ~ 50 mm 的外径千分尺按如图 7.4 所示方法进行测量,测得值均不得超出极限偏差允许范围。

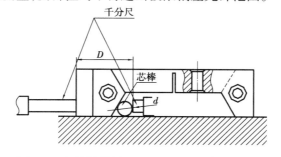

图 7.4　方柱零件图 21.34 ± 0.02 尺寸测量方法

测量公式为

$$D = \frac{d}{2}(1 + \sqrt{3}) + 21.34 \pm 0.02 \qquad (7.1)$$

式中　D——被测量值；

　　　d——被测芯棒实测值（$\phi 8H7 \times 35$ 芯棒）。

6）11. 34 ± 0. 02

将工件放置在 1 级平板上,用准确度等级为 1 级测量范围为 $0 \sim 25$ mm 的外径千分尺按如图 7.5 所示方法进行测量,测得值均不得超出极限偏差允许范围。

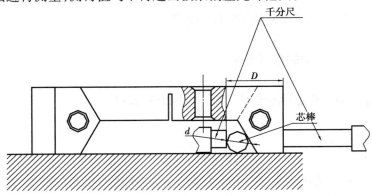

图 7.5　方柱零件图 11. 34 ± 0. 02 尺寸测量方法

测量公式为

$$D = \frac{d}{2}(1 + \sqrt{3}) + 11.34 \pm 0.02 \qquad (7.2)$$

式中　D——被测量值；

　　　d——被测芯棒实测值（$\phi 8H7 \times 35$ 芯棒）。

7）120° ± 3′（6 处）

用万能角度尺进行直接测量。

8）59. 5 ± 0. 3

用游标卡尺以压线法进行测量。

9）15 ± 0. 015

用准确度等级为 1 级测量范围为 $0 \sim 25$ mm 的外径千分尺在工件被测表面均匀分布至少 6 点进行测量,测得值均不得超出极限偏差允许范围。

10）10 ± 0. 015

用准确度等级为 1 级测量范围为 $0 \sim 25$ mm 的外径千分尺在工件被测表面均匀分布至少 3 点进行测量,测得值均不得超出极限偏差允许范围。

11）$\phi 8H7$

$\phi 8H7$ 用光滑极限偏差量规进行测量。

12）20 ± 0. 05

方法 1:将工件放置在平板上,将芯棒（$\phi 8H7 \times 35$）插入孔中,使其配合间隙最小,用高度尺进行测量。

测量公式为

$$h = \frac{d}{2} + 20 \pm 0.05 \qquad\qquad (7.3)$$

式中 h——被测量值;

　　　d——被测芯棒实测值($\phi8H7 \times 35$)。

　　方法 2:将工件如图 7.6 所示放置在平板上,将芯棒($\phi8H7 \times 35$)插入孔中,使其配合间隙最小。用量块组将杠杆百分表调零后用比较法进行测量,测量方法如图 7.6 所示,测得值不得

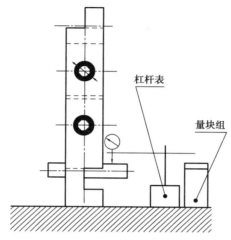

图 7.6

超出极限偏差允许范围。量块组尺寸可计算为

$$H = \frac{d}{2} + 20 \qquad\qquad (7.4)$$

式中 H——量块组尺寸;

　　　d——被测芯棒实测值($\phi8H7 \times 35$ 芯棒)。

　　13) 10 ± 0.05

　　方法 1:将工件放置在平板上,将芯棒($\phi8H7 \times 35$)插入孔中,使其配合间隙最小,用高度尺进行测量。

　　测量公式为

$$h = \frac{d}{2} + 10 \pm 0.05 \qquad\qquad (7.5)$$

式中 h——被测量值;

　　　d——被测芯棒实测值($\phi8H7 \times 35$)。

　　方法 2:将工件如图 7.7 所示放置在平板上,将芯棒($\phi8H7 \times 35$)插入孔中,使其配合间隙最小。用量块组将杠杆百分表调零后用比较法进行测量,测量方法如图 7.7 所示,测得值不得超出极限偏差允许范围。量块组尺寸可计算为

$$H = \frac{d}{2} + 10 \qquad\qquad (7.6)$$

式中 H——量块组尺寸;

　　　d——被测芯棒实测值($\phi8H7 \times 35$)。

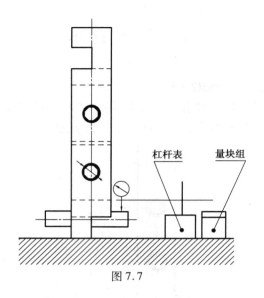

图 7.7

14）45 ± 0.05

方法 1：将工件放置在平板上，将芯棒（ϕ8H7 × 35）插入孔中，使其配合间隙最小，用高度尺进行测量。

测量公式为

$$h = \frac{d}{2} + 45 \pm 0.05 \tag{7.7}$$

式中　h——被测量值；

　　　d——被测芯棒实测值（ϕ8H7 × 35）。

方法 2：将工件如图 7.8 所示放置在平板上，将芯棒（ϕ8H7 × 35）插入孔中，使其配合间隙最小。用量块组将杠杆百分表调零后用比较法进行测量，测量方法如图 7.8 所示，测得值不得超出极限偏差允许范围。量块组尺寸可计算为

$$H = \frac{d}{2} + 45 \tag{7.8}$$

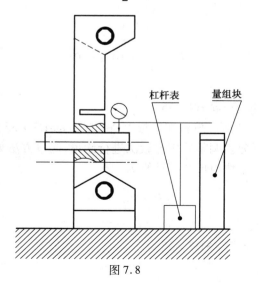

图 7.8

式中　H——量块组尺寸；

　　　d——被测芯棒实测值（$\phi 8H7 \times 35$）。

15）35 ± 0.05

方法 1：将工件放置在平板上，将芯棒（$\phi 8H7 \times 35$）插入孔中，使其配合间隙最小，用高度尺进行测量。

测量公式为

$$h = \frac{d}{2} + (35 \pm 0.05) \tag{7.9}$$

式中　h——被测量值；

　　　d——被测芯棒实测值（$\phi 8H7 \times 35$）。

方法 2：工件如图 7.9 所示放置在平板上，将芯棒（$\phi 8H7 \times 35$）插入孔中，使其配合间隙最小。用量块组将杠杆百分表调零后用比较法进行测量，测量方法如图 7.9 所示，测得值不得超出极限偏差允许范围。量块组尺寸可计算为

$$H = \frac{d}{2} + 35 \tag{7.10}$$

式中　H——量块组尺寸；

　　　d——被测芯棒实测值（$\phi 8H7 \times 35$）。

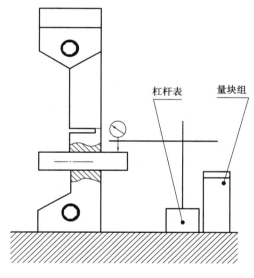

图 7.9

16）⟘ | 0.06 | A

将芯棒（$\phi 8H7 \times 35$）装配在孔中，使其配合间隙为最小。把被测工件基准面放置在平板上。用杠杆百分表测量芯棒上素线与平板之间的距离，即从杠杆百分表得到示值，如图 7.10 所示。再将工件翻转 $180°$ 后，测量芯棒下素线与平板之间的距离。取该测量截面内对应两测点差值作为对称度误差值。重复测量另一测量截面内对称度误差，取两测量截面内对应两测点的最大差值作为工件对称度误差。

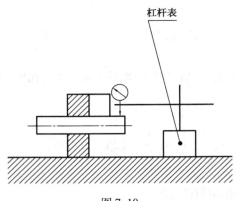

图 7.10

17）<u>=</u> | 0.06 | <u>B</u>

将芯棒（$\phi 8H7 \times 35$）装配在孔中，使其配合间隙为最小。把被测工件基准面放置在平板上。用杠杆百分表测量芯棒上素线与平板之间的距离，即从杠杆百分表得到示值，如图 7.11 所示。再将工件翻转 180°后，测量芯棒下素线与平板之间的距离。取该测量截面内对应两测点差值作为对称度误差值。重复测量另一测量截面内对称度误差，取两测量截面内对应两测点的最大差值作为工件对称度误差。

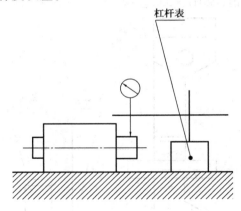

图 7.11

18）$\sqrt{Ra0.8}$ 测量方法为目测。

19）$\sqrt{Ra12.5}$ 测量方法为目测。

方柱尺寸测量计划见表 7.1。

表 7.1　方柱尺寸测量计划

序　号	项　目	计量器具规格	测量部位及次数	数据记录	数据处理	结果分析	互查结果
1	110 ± 0.02						
2	30 ± 0.02						
3	20 ± 0.02						
4	$10_{-0.02}^{0}$						

序　号	项　目	计量器具规格	测量部位及次数	数据记录	数据处理	结果分析	互查结果
5	21.34 ± 0.02						
6	11.34 ± 0.02						
7	$120° \pm 3'$(6 处)						
8	59.5 ± 0.3						
9	15 ± 0.015						
10	10 ± 0.015						
11	$\phi 8H7$(4 处)						
12	20 ± 0.05						
13	10 ± 0.05						
14	45 ± 0.05						
15	35 ± 0.05						

方柱形位误差测量计划见表 7.2。

表 7.2　方柱形位误差测量计划

序　号	项　目	计量器具规格	测量部位及次数	数据记录	数据处理	结果分析	互查结果
1	⏥ 0.06 A						
2	⏥ 0.06 B						

（4）实施

按照上述计划和测量方案，学生独立进行测量。

（5）检查

个人测量完毕后，互相交换测量，以观察测量结果是否一致。

（6）评估

每位同学上台陈述测量过程及结果，教师对测量结果进行评价和分析。

（7）量具养护

测量完毕后，对计量器具进行保养与维护。

7.2.2　三件燕尾背配综合测量

如图 7.2 所示为三件燕尾背配零件图，现要求对该零件进行综合检测，从图 7.2 可知，要测量的项目包括外圆和长度尺寸、几何误差和粗糙度误差等。

（1）任务

同学们自行分析图纸中的各项要求。

（2）信息

读图,根据各项要求确定计量器具、测量方法和测量部位等。

（3）计划

确定测量方案。

1）$40_{-0.03}^{0}$

将(ϕ8H7×35)芯棒放置在燕尾槽中,用准确度等级为 1 级测量范围为 50~75 mm 的外径千分尺按如图 7.12 所示方法进行测量,测得值均不得超出极限偏差允许范围。

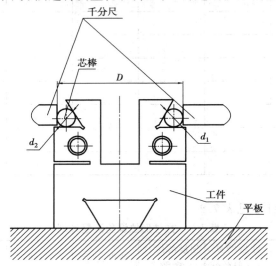

图 7.12　三件燕尾背配 $40_{-0.03}^{0}$ 尺寸测量方法

测量公式为

$$D = \frac{d_1}{2}(1 + \sqrt{3}) + \frac{d_2}{2}(1 + \sqrt{3}) + 40_{-0.03}^{0} \qquad (7.11)$$

式中　D——被测量值;

d_1——被测芯棒实测值(ϕ8H7×35 芯棒);

d_2——被测芯棒实测值(ϕ8H7×35 芯棒)。

2）20±0.02

用准确度等级为 1 级测量范围为 5~30 mm 的内径千分尺在工件被测表面均匀分布 3 点以上进行测量,测得值均不得超出极限偏差。

3）$15_{-0.03}^{0}$（2 处）

将工件放置在 1 级平板上,用量块组将 1 级杠杆百分表调零后用比较法进行测量,测量方法如图 7.13(a)、(b)所示,测得值不得超出极限偏差允许范围。

4）25±0.05（2 处）

方法 1:将工件放置在平板上,将芯棒(ϕ8H7×35)插入孔中,使其配合间隙最小,用高度尺进行测量。

测量公式为

$$h = \frac{d}{2} + (25 \pm 0.05) \qquad (7.12)$$

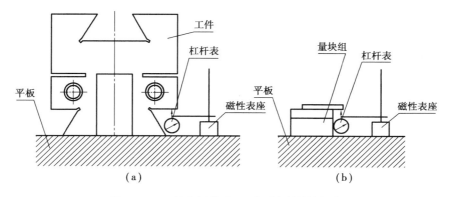

图 7.13 三件燕尾背配 $15_{-0.03}^{0}$ 尺寸测量方法

式中 h——被测量值；

d——被测芯棒实测值（$\phi8H7 \times 35$ 芯棒）。

方法 2：将工件如图 7.14 所示放置在平板上，将芯棒（$\phi8H7 \times 35$）插入孔中，使其配合间隙最小。用量块组将杠杆百分表调零后用比较法进行测量，测量方法如图 7.14 所示，测得值不得超出极限偏差允许范围。量块组尺寸可计算为

$$H = \frac{d}{2} + 25 \qquad (7.13)$$

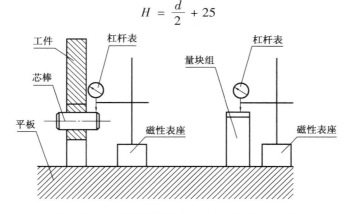

图 7.14 三件燕尾背配 25 ± 0.05 尺寸测量方法

式中 H——量块组尺寸；

d——被测芯棒实测值（$\phi8H7 \times 35$ 芯棒）。

5）45 ± 0.05

将芯棒（$\phi8H7 \times 35$）装配在孔中，使其配合间隙为最小。该尺寸用千分尺来测量如图7.15所示，测得值不得超出极限偏差允许范围。

测量公式为

$$D = \left(\frac{d_1 + d_2}{2}\right) + (45 \pm 0.05) \qquad (7.14)$$

式中 D——被测值；

d_1——被测芯棒实测值（$\phi8H7 \times 35$ 芯棒）；

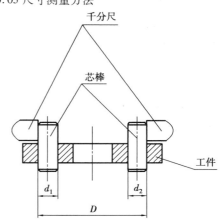

图 7.15 三件燕尾背配 45 ± 0.05 尺寸测量方法

d_2——被测芯棒实测值(ϕ8H7 ×35 芯棒)。

6)25 ±0.08

将芯棒(ϕ8H7 ×35)装配在孔中,使其配合间隙为最小。该尺寸用千分尺来测量如图 7.16所示,测得值不得超出极限偏差允许范围。

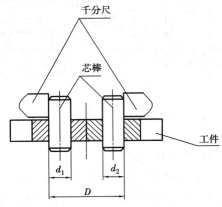

图 7.16　三件燕尾背配 25 ±0.08 尺寸测量方法

测量公式为

$$D = \left(\frac{d_1 + d_2}{2}\right) + (25 \pm 0.08) \tag{7.15}$$

式中　D——被测值;

　　　d_1——被测芯棒实测值(ϕ8H7 ×35 芯棒);

　　　d_2——被测芯棒实测值(ϕ8H7 ×35 芯棒)。

7)ϕ8H7(2 处)Ra0.8

ϕ8H7 用光滑极限偏差量规进行测量;Ra0.8 目测,必要时可用表面粗糙度检查仪进行测量。

8)60° ±3′(2 处)

用极限偏差角度样板进行比较测量。

9)35 ±0.5(2 处)

用分度值为 0.02 mm,测量范围为 0 ~ 125 mm 的游标卡尺用压线法进行测量。

10)32 ±1

用游标卡尺以压线法进行测量。

11)| ⚌ | 0.10 | A |

将芯棒(ϕ8H7 ×35)装配在孔中,使其配合间隙为最小。把被测工件基准面放置在平板上。用杠杆百分表测量芯棒上素线与平板之间的距离,如图 7.17 所示。再将工件翻转 180°后,测量另一芯棒上素线与平板之间的距离。取该测量截面内对应两测点差值作为对称度误差值。重复测量另一测量截面内对称度误差,取两测量截面内对应两测点的最大差值作为工件对称度误差。

12)| ⚌ | 0.05 | A |

将芯棒(ϕ8H7 ×35)放置在燕尾槽中,把被测底板基准面 A 放置在平板上,用杠杆百分表测量芯棒上素线与平板之间的距离,如图 7.18 所示。再将工件翻转 180°后,测量另一芯棒上

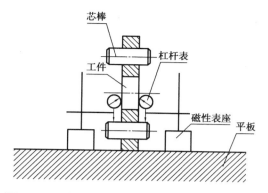

图 7.17　三件燕尾背配对称度 0.10 mm 测量方法

素线与平板之间的距离。取该测量截面内对应两测点差值作为该工件对称度误差值。

注:工件测量点最好取工件厚度中间点。

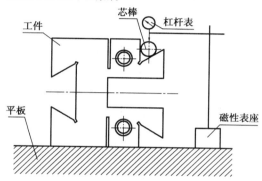

图 7.18　三件燕尾背配对称度 0.05 mm 测量方法

13) $\boxed{=}\boxed{0.04}\boxed{A}$

将基准面 A 放置在平板上,用杠杆百分表测量被测表面与平板之间的距离。将工件翻转 180°后,测量另一被测表面与平板之间的距离,如图 7.19 所示。取测量截面对应两测点的最大差值作为对称度误差。

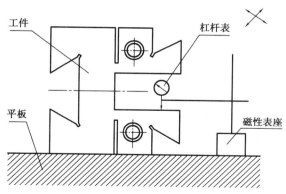

图 7.19　三件燕尾背配对称度 0.04 mm 测量方法

14) $\boxed{=}\boxed{0.16}\boxed{A}$

将芯棒($\phi 8H7 \times 35$)装配在孔中,使其配合间隙为最小,把被测工件基准面放置在平板上,用杠杆百分表测量芯棒上素线与平板之间的距离,如图 7.20 所示。再将工件翻转 180°后,测量另一芯棒上素线与平板之间的距离。取该测量截面内对应两测点差值作为对称度误差值。重复测量另一测量截面内对称度误差,取两测量截面内对应两测点的最大差值作为工件对称度误差。

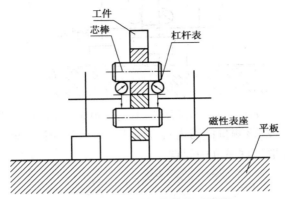

图 7.20   三件燕尾背配对称度 0.16 mm 测量方法

15) $\boxed{\equiv\ |0.06|A}$

将基准面 A 放置在平板上,用杠杆百分表测量被测表面与平板之间的距离。将工件翻转 180°后,测量另一被测表面与平板之间的距离,如图 7.21 所示。取测量截面对应两测点的最大差值作为对称度误差。

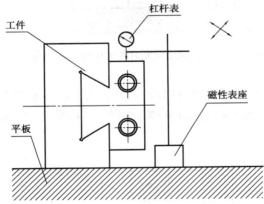

图 7.21   三件燕尾背配对称度 0.06 mm 测量方法

16) $\boxed{\square\ |0.015|}$(4 处)$Ra1.6$

利用刀口尺用光隙法呈米字形进行测量。

将刀口尺与被测平面接触,在各个方向检测,用塞尺测出间隙值,所测最大间隙即为平面度误差。

17) $\boxed{\perp\ |0.02|B}$(4 处)

将被测件的基准平面 B 和检验角尺放在检验平板上,并用塞尺(厚薄规)检查是否接触良好(以最薄的塞尺不能插入为准)。移动宽座检验角尺,对着被测表面轻轻接触,观察光隙部位的光隙大小,用厚薄规检查最大光隙值和最小光隙值,也可以用目测估计出最大和最小光隙值,并将其值记录下来。最大光隙值减去最小光隙值即为该工件一个面对基准面 B 的垂直度误差。

18)配合间隙(14 处)

用 2 级塞尺进行测量,塞尺塞入深度不超过工件厚度的 1/3 为合格,否则不合格。

三件燕尾背配尺寸测量计划见表 7.3。

表 7.3　三件燕尾背配尺寸测量计划

序　号	项　　目	计量器具规格	测量部位及次数	数据记录	数据处理	结果分析	互查结果
1	$40_{-0.03}^{\ 0}$						
2	20 ± 0.02						
3	$15_{-0.03}^{\ 0}$(2 处)						
4	25 ± 0.05(2 处)						
5	45 ± 0.05						
6	25 ± 0.08						
7	$\phi 8H7$(2 处) $Ra0.8$						
8	$60° \pm 3'$(2 处)						
9	35 ± 0.5(2 处)						
10	32 ± 1						

三件燕尾背配形位误差测量计划见表 7.4。

表 7.4　三件燕尾背配形位误差测量计划

序　号	项　　目	计量器具规格	测量部位及次数	数据记录	数据处理	结果分析	互查结果
1	⚏ 0.10 A						
2	⚏ 0.05 A						
3	⚏ 0.04 A						
4	⚏ 0.16 A						
5	⚏ 0.06 A						
6	▱ 0.015 (4 处)$Ra1.6$						
7	⊥ 0.02 B (4 处)						

(4)实施

按照上述计划和测量方案,学生独立进行测量。

(5)检查

个人测量完毕后,互相交换测量,以观察测量结果是否一致。

（6）评估

每位同学上台陈述测量过程及结果，教师对测量结果进行评价和分析。

（7）量具养护

测量完毕后，对计量器具进行保养与维护。

7.2.3 直角 V 形组合体综合测量

如图 7.3 所示为直角 V 形组合体零件图，现要求对该零件进行综合检测，从图 7.3 可知，要测量的项目包括外圆和长度尺寸、几何误差、粗糙度误差等。

（1）任务

同学们自行分析图纸中的各项要求。

（2）信息

读图，根据各项要求确定计量器具、测量方法和测量部位等。

（3）计划

确定测量方案。

1）70 ± 0.05

用分度值为 0.02 mm、测量范围为 0 ~ 125 mm 的游标卡尺进行测量。测得值均不得超出极限偏差允许范围。

2）80 ± 0.02

用准确度等级为 1 级测量范围为 75 ~ 100 mm 的外径千分尺进行测量，测得值均不得超出极限偏差允许范围。

3）| ⎯ | 0.07 |

用 0 级刀口直尺用光隙法进行测量。

4）| ⫿ | 0.015 |

用 0 级刀口直尺用光隙法呈米字形进行测量。

将刀口尺与被测平面接触，在各个方向检测，用塞尺测出间隙值，所测最大间隙即为平面度误差。

5）| ⊥ | 0.02 | B |

方法 1：用 0 级刀口直角尺用光隙法进行测量。

方法 2：用宽座角尺配合塞尺进行测量。

将被测件的基准平面 B 和检验角尺放在检验平板上，并用塞尺（厚薄规）检查是否接触良好（以最薄的塞尺不能插入为准）。移动宽座检验角尺，对着被测表面轻轻接触，观察光隙部位的光隙大小，用厚薄规检查最大光隙值和最小光隙值，也可以用目测估计出最大光隙值和最小光隙值，并将其值记录下来。

6）30 ± 0.02

用准确度等级为 1 级测量范围为 25 ~ 50 mm 的外径千分尺进行测量，测得值均不得超出极限偏差允许范围。

7）20 ± 0.02

用准确度等级为 1 级测量范围为 0 ~ 25 mm 的外径千分尺进行测量，测得值均不得超出极限偏差允许范围。

8) $60^{+0.03}_{0}$

用准确度等级为 1 级测量范围为 50 ~ 75 mm 的外径千分尺进行测量,测得值均不得超出极限偏差允许范围。

9) $\boxed{=}$ $\boxed{0.05}$ $\boxed{A}$ 凸

将基准面放置在平板上,用杠杆百分表测量被测表面与平板之间的距离。将工件翻转 180°后,测量另一被测表面与平板之间的距离,如图 7.22 所示。取测量截面对应两测点的最大差值作为对称度误差。

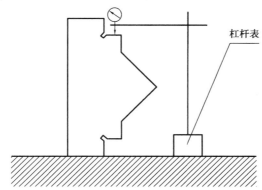

图 7.22　直角 V 形组合体对称度 0.05 mm 凸测量方法

10) $\boxed{=}$ $\boxed{0.05}$ $\boxed{A}$ 凹

将基准面放置在平板上,用杠杆百分表测量被测表面与平板之间的距离。将工件翻转 180°后,测量另一被测表面与平板之间的距离,如图 7.23 所示。取测量截面对应两测点的最大差值作为对称度误差。

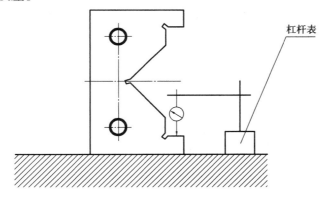

图 7.23　直角 V 形组合体对称度 0.05 mm 凹测量方法

11) $\boxed{=}$ $\boxed{0.05}$ $\boxed{A}$ V

将芯棒($\phi30 \times 10$)放置在燕尾槽中,把被测底板基准面放置在平板上,用杠杆百分表测量芯棒上素线与平板之间的距离,如图 7.24 所示。再将工件翻转 180°后,测量芯棒下素线与平板之间的距离。取该测量截面内对应两测点差值作为该工件对称度误差值。

注:工件测量点最好取工件厚度中间点。

12) $50^{0}_{-0.03}$

用测量范围为 25 ~ 50 mm 的外径千分尺进行测量,测得值均不得超出极限偏差允许范围。

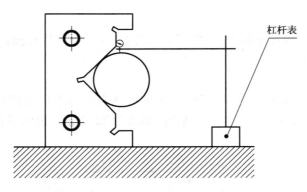

图 7.24 直角 V 形组合体对称度 0.05 mm V 测量方法

13)50 ± 0.05

将芯棒(ϕ8H7 × 35)装配在孔中,使其配合间隙为最小。该尺寸用游标卡尺来测量,测得值不得超出极限偏差允许范围。

14)15 ± 0.05

方法 1:将工件放置在平板上,将芯棒(ϕ8H7 × 35)插入孔中,使其配合间隙最小,用高度尺进行测量。

测量公式为

$$h = \frac{d}{2} + (15 \pm 0.05) \tag{7.16}$$

式中 h——被测量值;

d——被测芯棒实测值(ϕ8H7 × 35 芯棒)。

方法 2:将工件如图 7.25 所示放置在平板上,将芯棒(ϕ8H7 × 35)插入孔中,使其配合间隙最小,用量块组将杠杆百分表调零后用比较法进行测量,测量方法如图 7.25 所示,测得值不得超出极限偏差允许范围。量块组尺寸可计算为

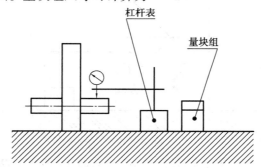

图 7.25 直角 V 形组合体 15 ± 0.05 尺寸测量方法

$$H = \frac{d}{2} + 15 \tag{7.17}$$

式中 H——量块组尺寸;

d——被测芯棒实测值(ϕ8H7 × 35 芯棒)。

15) $\boxed{=}\ \boxed{0.1}\ \boxed{A}$

将芯棒($\phi 8H7 \times 35$)装配在孔中,使其配合间隙为最小,把被测工件基准面放置在平板上,用杠杆百分表测量芯棒上素线与平板之间的距离,如图 7.26 所示。再将工件翻转 180°后,测量另一芯棒上素线与平板之间的距离。取该测量截面内对应两测点差值作为对称度误差值。重复测量另一测量截面内对称度误差,取两测量截面内对应两测点的最大差值作为工件对称度误差。

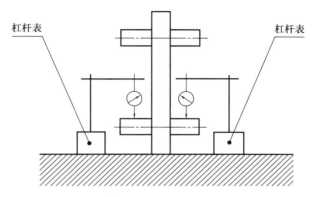

图 7.26　直角 V 形组合体对称度 0.1 mm 测量方法

16) $20_{-0.03}^{\ 0}$

将芯棒($\phi 30 \times 10$)放置在燕尾槽中,用量块组将杠杆百分表调零后用比较法进行测量,测量方法如图 7.27 所示,测得值不得超出极限偏差允许范围。量块组尺寸可计算为

$$H = \frac{d}{2} + \frac{\sqrt{2}\,d}{2} + 20 \tag{7.18}$$

式中　H——量块组尺寸($1.01 + 1.2 + 4 + 50 = 56.21$);

　　　d——被测芯棒实测值($\phi 30 \times 10$ 芯棒)。

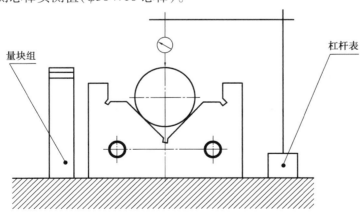

图 7.27　直角 V 形组合体 $20_{-0.03}^{\ 0}$ 尺寸测量方法

17) $90° \pm 3'$

用万能角度尺进行测量。

18) 配合间隙

用 2 级塞尺进行测量,塞尺塞入深度不超过工件厚度的 1/3 为合格,否则不合格。

直角 V 形组合体尺寸测量计划见表 7.5。

表 7.5　直角 V 形组合体尺寸测量计划

序　号	项　目	计量器具规格	测量部位及次数	数据记录	数据处理	结果分析	互查结果
1	70 ± 0.05						
2	80 ± 0.02						
3	30 ± 0.02						
4	20 ± 0.02						
5	$60^{+0.03}_{0}$						
6	$50^{0}_{-0.03}$						
7	50 ± 0.05						
8	15 ± 0.05						
9	$20^{0}_{-0.03}$						
10	$90° \pm 3'$						

直角 V 形组合体形位误差测量计划见表 7.6。

表 7.6　直角 V 形组合体形位误差测量计划

序　号	项　目	计量器具规格	测量部位及次数	数据记录	数据处理	结果分析	互查结果
1	▭ 0.07						
2	▱ 0.015						
3	⊥ 0.02 B						
4	▤ 0.05 A 凸						
5	▤ 0.05 A 凹						
6	▤ 0.05 A V						
7	▤ 0.1 A						

（4）实施

按照上述计划和测量方案,学生独立进行测量。

（5）检查

个人测量完毕后,互相交换测量,以观察测量结果是否一致。

（6）评估

每位同学上台陈述测量过程及结果,教师对测量结果进行评价和分析。

（7）量具养护

测量完毕后,对计量器具进行保养与维护。

項目 **8**

齿轮油泵综合测绘

8.1 给定测绘任务

齿轮油泵综合测绘给定的测绘任务如图8.1所示。

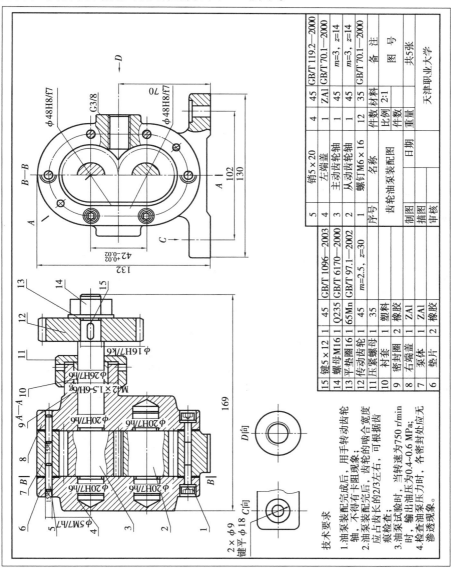

图8.1 齿轮油泵装配图

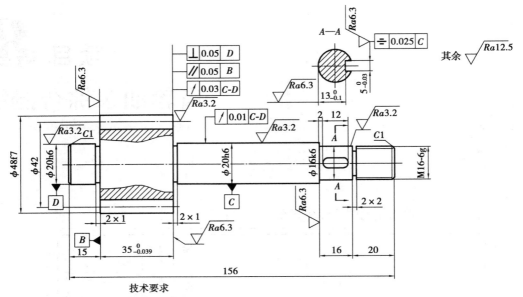

技术要求
1.调质处理HB220~250
2.锐边倒钝

图 8.2   齿轮轴

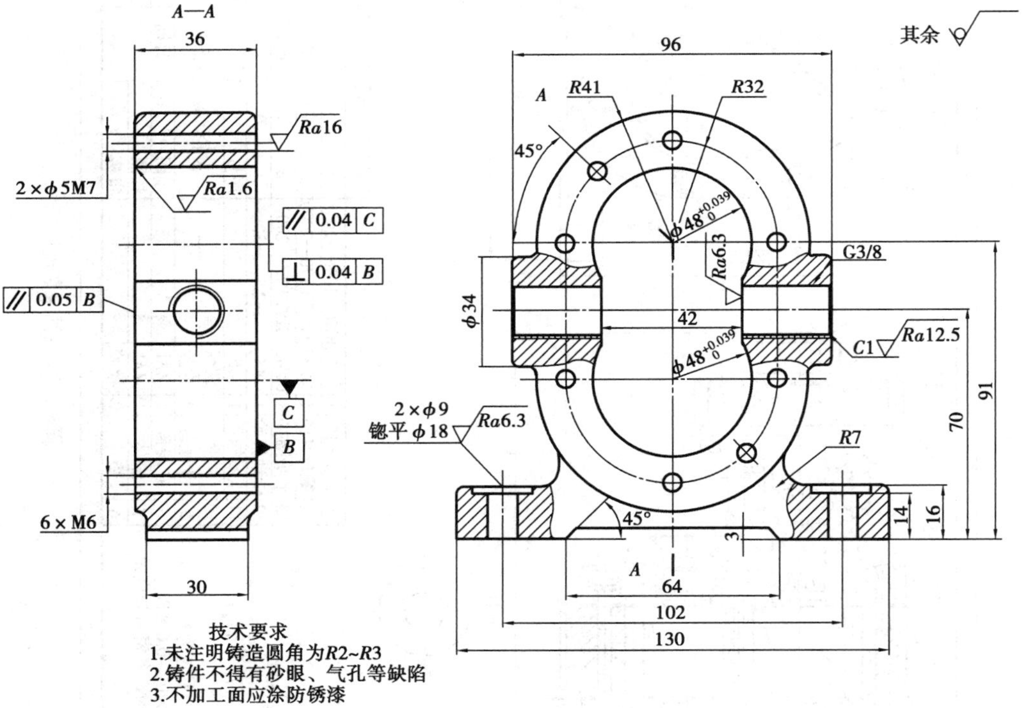

A—A

2×φ5M7

6×M6

技术要求
1.未注明铸造圆角为R2~R3
2.铸件不得有砂眼、气孔等缺陷
3.不加工面应涂防锈漆

图 8.3   齿轮油泵泵体

8.2 齿轮油泵工作原理及结构分析

齿轮油泵用于发动机的润滑系统,它将发动机底部油箱中的润滑油送到发动机上需要润滑的部位,如发动机的主轴、连杆、摇臂及凸轮颈等。

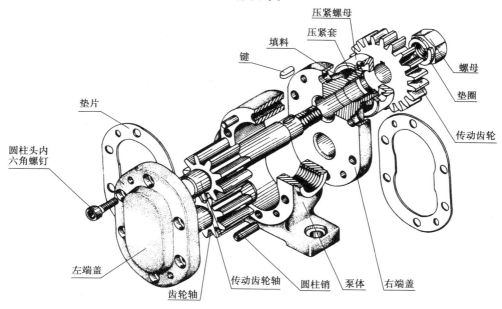

图 8.4 齿轮油泵分解图

该齿轮油泵(参照装配示意图及装配体实物图 8.4)主要由泵体、传动齿轮轴、齿轮轴、齿轮、端盖及一些标准件组成。在泵体内装有两个齿轮:一个是主动齿轮轴,另一个是从动齿轮轴(均由泵体、泵盖支承)。动力通过主动齿轮轴上的齿轮,传递给主动齿轮轴,并带动从动齿轮轴旋转(旋转方向见图 8.5 工作原理图),使右边吸油腔形成部分真空,润滑油被吸入并充满齿槽,由于齿轮旋转,润滑油沿着壳壁被带到左边压油腔内,由于齿轮啮合使齿槽内润滑油被挤压,从而产生高压油输出。齿轮油泵有回流系统,即自

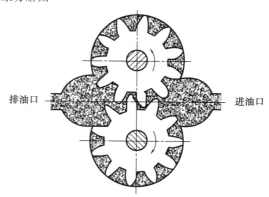

图 8.5 齿轮油泵工作原理图

动安全保险装置,不会导致油路中的油压过高,可在油路中省去溢流阀装置。

该齿轮油泵为 750 r/min 时,油压应为 0.4 ~ 0.6 MPa。油泵中的填料、垫片主要起密封防漏作用,通过调整垫片的厚度,还可调节齿轮两侧面间隙的大小。

8.3　齿轮油泵测绘步骤

8.3.1　测绘目的

①初步掌握装配体的测绘方法和步骤。

②掌握装配图的表达方法。

③进一步练习零部件的测绘方法及步骤,掌握零件草图、零件工作图的绘制方法。

④掌握公差配合的标注方法。

8.3.2　测绘步骤

（1）了解测绘对象

首先阅读本指导书和教材中有关章节,并通过对齿轮油泵实物的拆卸和装配过程,全面了解齿轮油泵的工作原理、结构特点、装配关系。具体要求如下:

①了解齿轮油泵的工作原理,即吸油、压油原理及油的流动路线、限压阀的工作原理及限压阀的泄油路线。

②根据实物,并参照装配示意图,弄清齿轮油泵中各个零件的结构特点,零件之间的装配关系和配合性质。

（2）画出泵体、泵盖零件草图和零件工作图

除应遵守零件测绘各项规则外,还应注意以下3个方面:

①选择主视图时,应考虑到装配图的主视图的选择,尽可能使零件的安放位置与装配图上一致,以便绘制装配图。

②在零件图上标注尺寸时,应充分考虑到装配关系和工作原理,把重要尺寸直接从主要基准注出来,基准的选择也要根据装配关系和工作原理进行分析确定。

③公差的选择可参照附注3选择后查表注出偏差。

（3）画出齿轮油泵装配图

根据泵体、泵盖零件图和附图中给出的其他零件图,画出齿轮油泵装配图。具体要求如下:

①绘制装配图前,要认真看懂装配示意图和附图中给出的其他零件图。

②选择主视图时,应把齿轮油泵的工作原理、主要装配关系表达清楚。

③应注出配合尺寸、装配尺寸、性能尺寸、外形尺寸及安装尺寸。

④应注出技术要求。

8.3.3　视图选择

（1）装配图的主视图选择

①一般将机器或部件按工作位置或习惯位置放置。

②主视图选择应能尽量反映出部件的结构特征,即装配图应以工作位置和清楚反映主要装配关系、工作原理、主要零件的形状的那个方向作为主视图方向。

（2）其他视图的选择

其他视图主要是补充主视图的不足，进一步表达装配关系和主要零件的结构形状。其他视图的选择应考虑以下 3 点：

①分析还有哪些装配关系、工作原理及零件的主要结构形状还没有表达清楚，从而选择适当的视图及相应的表达方法。

②尽量用基本视图和在基本视图上作剖视来表达有关内容。

③合理布置视图，使图形清晰，便于看图。

8.4　零件图附注

（1）附注 1

1）泵体的技术要求

①未注明铸造圆角 $R2 \sim R3$。

②泵体表面粗糙度：主轴孔、从动轴孔和齿轮腔等间隙配合重要表面 Ra 为 1.6 μm，销孔、泵体与泵盖结合面 Ra 为 3.2 μm，螺孔 Ra 为 6.3 μm，底面等其他加工面 Ra 为 12.5 μm。

③不加工表面应涂防锈漆。

④材料：ZAl。

2）泵盖的技术要求

①未注明铸造圆角 $R2 \sim R3$。

②泵盖表面粗糙度：主轴孔、从动轴孔等间隙配合重要表面 Ra 为 1.6 μm，销孔、泵体与泵盖结合面 Ra 为 3.2 μm，螺孔和其他加工面 Ra 为 6.3 μm。

③不加工表面应涂防锈漆。

④材料：ZAl。

（2）附注 2：齿轮油泵的技术要求

①油泵装配好后，用手转动齿轮轴，不得有卡阻现象。

②油泵装配好后，齿轮啮合面应占全齿长的 2/3 以上，可根据印痕检查。

③油泵试验时，当转速为 750 r/min 时，输出油压应为 0.4 ~ 0.6 MPa；

④检查油泵压力时，各密封处应无渗漏现象。

（3）附注 3：齿轮油泵公差配合的选择

①主动齿轮轴及从动齿轮轴与泵体、泵盖的配合均为 $\phi 20\text{H7/h6}$。

②齿轮的齿顶圆与泵体齿轮腔的配合为 $\phi 48\text{H8/f7}$。

③销孔配合为 $\phi 5\text{M7/h7}$。

④两齿轮中心距为 42H8。

（4）附注 4：附图

①装配示意图和明细栏。

②除齿轮油泵泵体、泵盖以外的零件图。

8.5　注意事项

　　①拆卸时,勿猛力敲打零件,特别注意保护零件重要表面,不要损坏和遗失零件,如弹簧和钢珠等细小零件。

　　②注意各零件的结构特点和装配关系,即形状结构、相对位置、接触表面及配合要求等。

　　③测量和标注尺寸时,各相关零件的相关尺寸大小、注法应一致,并应有利于加工和检验。

　　④测绘完零件后,按顺序将全部零件装配复原。

习题参考答案

项目 1

1.1 答:尺寸误差是指加工好的零件实际尺寸与规定的尺寸的差异;尺寸公差是零件允许尺寸的变动量。零件的尺寸偏差是指某一尺寸减其公称尺寸所得的代数差,其值可为正、负或零,与精度没有直接关联。

1.2 答:配合的松紧程度是由公称尺寸相同的相互结合的孔轴公差带之间的关系决定,通过间隙和过盈描述;配合松紧程度一致性即配合精度,由配合公差大小表示。

1.3 答:公差带是指公差带图解中,由代表上极限偏差和下极限偏差的两条直线所限定的区域。它由公差带大小和公差带位置两个要素组成。

1.4 答:

公称尺寸	上极限尺寸	下极限尺寸	上极限偏差	下极限偏差	公 差
孔 $\phi 8$	8.040	8.025	0.040	0.025	0.015
轴 $\phi 60$	59.940	59.894	-0.060	-0.106	0.046
孔 $\phi 30$	30.150	30.020	0.150	0.020	0.130
轴 $\phi 50$	49.950	49.888	-0.050	-0.112	0.062

1.5 答:轴 d_2 的公称尺寸 $=90$ mm,上极限偏差 $= -0.08$ mm,下极限偏差 $= -0.15$ mm。$d_2 = \phi 90 _{-0.15}^{-0.08}$ mm。

1.6 答:孔公称尺寸 $D = 50$ mm,孔的上极限偏差 ES $= +0.050$ mm,孔的下极限偏差 EI $= +0.025$ mm,孔公差 $T_h = 0.025$ mm,孔的上极限尺寸 $D_{max} = 50.050$ mm,孔的下极限尺寸 $D_{min} = 50.025$ mm。

项目 2

2.1 答:基孔制是基本偏差为一定的孔的公差带,与不同基本偏差的轴的公差带形成各种配合的一种制度。基轴制是基本偏差为一定的轴的公差带,与不同基本偏差的孔的公差带形成各种配合的一种制度。混合配合中孔和轴均非基准件,配合代号中没有 H 或 h。

基轴制配合适用:①公差等级要求不高(一般 ≥IT8)的配合;②同一工程尺寸的轴上有两种以上不同配合;③所选用的轴为标准件。

混合配合适用:①同一孔(或轴)与几个轴(或孔)组成配合时,各配合性质要求不同,而孔(或轴)又需按基轴制(或基孔制)的某种配合制造;②大间隙配合或加工后还需电镀的场合。

2.2 (1)答:$X_{max} = +0.016$ mm,$Y_{max} = -0.025$ mm,$T_f = 0.041$ mm,属于过渡配合。

(2)答:$Y_{min} = 0$ mm,$Y_{max} = -0.041$ mm,$T_f = 0.041$ mm,属于过盈配合。

(3)答:$X_{max} = +0.066$ mm,$X_{min} = +0.025$ mm,$T_f = 0.041$ mm,属于间隙配合。

2.3 (1)答:$\phi 30H8\left(^{+0.033}_{0}\right)$,$\phi 30f7\left(^{-0.020}_{-0.041}\right)$;$X_{max} = +74$ μm,$X_{min} = +20$ μm,$T_f = +54$ μm,属于基孔制,间隙配合。

(2)答:$\phi 80A10\left(^{+0.480}_{+0.360}\right)$,$\phi 80h10\left(^{0}_{-0.120}\right)$;$X_{max} = +600$ μm,$X_{min} = +360$ μm,$T_f = +240$ μm,属于基轴制,间隙配合。

(3)答:$\phi 50K7\left(^{+0.007}_{-0.018}\right)$,$\phi 50h6\left(^{0}_{-0.016}\right)$;$X_{max} = +23$ μm,$Y_{max} = -18$ μm,$T_f = +41$ μm,属于基轴制,过渡配合。

(4)答:$\phi 120H8\left(^{+0.054}_{0}\right)$,$\phi 120r7\left(^{+0.089}_{+0.054}\right)$;$Y_{min} = 0$ μm,$Y_{max} = -89$ μm,$T_f = 89$ μm,属于基孔制,过盈配合。

(5)答:$\phi 180H8\left(^{+0.063}_{0}\right)$,$\phi 180u7\left(^{+0.250}_{+0.210}\right)$;$Y_{min} = -147$ μm,$Y_{max} = -250$ μm,$T_f = 103$ μm,属于基孔制,过盈配合。

(6)答:$\phi 18M6\left(^{-0.004}_{-0.015}\right)$,$\phi 18h5\left(^{0}_{-0.008}\right)$;$X_{max} = +4$ μm,$Y_{max} = -15$ μm,$T_f = +19$ μm,属于基轴制,过渡配合。

2.4 (1)答:同名配合:$\phi 60D9/h9$,$\phi 60D9\left(^{+0.174}_{+0.100}\right)$,$\phi 60h9\left(^{0}_{-0.074}\right)$。

(2)答:同名配合:$\phi 50F8/h7$,$\phi 50F8\left(^{+0.064}_{+0.025}\right)$,$\phi 50h7\left(^{0}_{-0.025}\right)$。

(3)答:同名配合:$\phi 30H7/k6$,$\phi 30H7\left(^{+0.021}_{0}\right)$,$\phi 30k6\left(^{+0.015}_{+0.002}\right)$。

(4)答:同名配合:$\phi 30H7/s6$,$\phi 30H7\left(^{+0.021}_{0}\right)$,$\phi 30s6\left(^{+0.048}_{+0.035}\right)$。

(5)答:同名配合:$\phi 50U7/h6$,$\phi 50U7\left(^{-0.070}_{-0.095}\right)$,$\phi 50h6\left(^{0}_{-0.016}\right)$。

(6)答:同名配合:$\phi 18H6/m5$,$\phi 18H6\left(^{+0.011}_{0}\right)$,$\phi 18m5\left(^{+0.015}_{+0.007}\right)$。

2.5 (1)答:$\phi 25H8/e7$。

(2)答:$\phi 40H7/u6$。

(3)答:$\phi 70H7/k6$。

2.6 答:$\phi 50H7/e6$。

2.7 答:活塞与汽缸的装配间隙:$X_{min} = 220$ μm,$X_{max} = 277$ μm,所选配合为 $\phi 95H7/b6$。

项目 3

3.1 答:塞规通端尺寸为 $\phi 30^{-0.0104}_{-0.0128}$ mm,塞规止端尺寸为 $\phi 30^{+0.0060}_{+0.0036}$ mm。

3.2 答:卡规通端尺寸为 $\phi 15^{+0.0168}_{+0.0152}$ mm,卡规止端尺寸为 $\phi 15^{+0.0086}_{+0.0070}$ mm。

"校通-通"量规(TT)上极限偏差 $= +0.016$ mm,下极限偏差 $= +0.0152$ mm。

"校止-通"量规(ZT)上极限偏差 $= +0.0078$ mm,下极限偏差 $= +0.007$ mm。

"校通-损"量规(TS)上极限偏差 $= +0.018$ mm,下极限偏差 $= +0.0172$ mm。

3.3 答:孔用塞规通端尺寸为 $\phi 20^{+0.0046}_{+0.0022}$ mm,塞规止端尺寸为 $\phi 20^{+0.0210}_{+0.0186}$ mm。

轴用卡规通端尺寸为 $\phi 20^{+0.0266}_{+0.0246}$ mm,卡规止端尺寸为 $\phi 20^{+0.017}_{+0.015}$ mm。

"校通-通"量规(TT)上极限偏差 $= +0.0256$ mm,下极限偏差 $= +0.0246$ mm。

"校止-通"量规(ZT)上极限偏差 $= +0.016$ mm,下极限偏差 $= +0.015$ mm。

"校通-损"量规(TS)上极限偏差 $= +0.028$ mm,下极限偏差 $= +0.027$ mm。

3.4 (1)答:选用分度值为 0.01 mm 的外径千分尺。上验收极限 $= 19.9948$ mm,下验收极限 $= 19.9532$ mm。

(2)答:选用分度值为 0.002 mm 的比较仪。上验收极限 $= 29.9779$ mm,下验收极限 $= 29.9611$ mm。

(3)答:选用分度值为 0.01 mm 的内径千分尺。上验收极限 $= 60.108$ mm,下验收极限 $= 60.012$ mm。

项目 4

4.1 答:

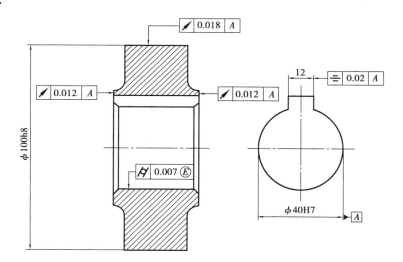

4.2 答：

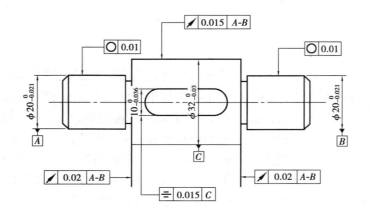

4.3 答：

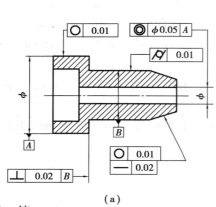

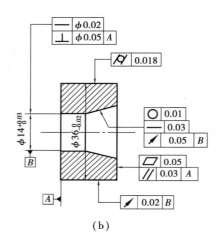

（a）　　　　　　　　　　　　　　　（b）

4.4 答：

图样序号	遵守公差原则或公差要求	遵守边界及边界尺寸/mm	最大实体尺寸/mm	最小实体尺寸/mm	最大实体状态时的几何公差/mm	最小实体状态时的几何公差/mm	$d_a(D_a/L_a)$范围/mm
a	包容要求直线度	最大实体边界$\phi24.99$	$\phi24.99$	$\phi25.02$	0	0.03	$\phi24.99 \leqslant D_a \leqslant \phi25.02$
b	最大实体要求直线度	最大实体实效边界$\phi24.98$	$\phi24.99$	$\phi25.02$	0.01	0.04	$\phi24.99 \leqslant D_a \leqslant \phi25.02$
c	可逆要求用于最大实体要求直线度	最大实体实效边界$\phi24.98$	$\phi24.99$	$\phi25.02$	0.01	0.04	$\phi24.98 \leqslant D_a \leqslant \phi25.02$

续表

图样序号	遵守公差原则或公差要求	遵守边界及边界尺寸 /mm	最大实体尺寸 /mm	最小实体尺寸 /mm	最大实体状态时的几何公差 /mm	最小实体状态时的几何公差 /mm	$d_a(D_a/L_a)$ 范围 /mm
d	最大实体要求同轴度	最大实体实效边界 $\phi24.95$	$\phi24.965$	$\phi24.986$	基准要素 A 和 0.015 被测要素均处于最大实体状态	基本要素 A 和 0.054 被测要素均处于最小实体状态	$\phi24.965 \leqslant D_a \leqslant \phi24.986$
	包容要素直线度	最大实体边界 $\phi18$ mm	$\phi18$ mm	$\phi18.018$ mm	0	0.018	$\phi18 \leqslant D_a \leqslant \phi18.018$
e	最小实体要求对称度	最小实体实效边界 10.13	9.95	10.05	0.18	0.08	$9.95 \leqslant L_a \leqslant 10.05$

4.5　答:第一个孔位置度误差 $=0.283$ mm 合格,第二个孔位置度误差 $=0.283$ mm 合格,第三个孔位置度误差 $=0.447$ mm 合格,第四个孔位置度误差 $=0.424$ mm 合格。

项目 5

5.1　答:规定取样长度是为了限制和减弱表面波纹度并排除宏观形状误差对表面粗糙度测量的影响;规定评定长度是为了能全面合理地反映整个表面轮廓的粗糙度特性。

5.2　答:轮廓中线是定量测量和评定表面粗糙度的评定基准线。

5.3　答:Ra 为评定轮廓的算术平均偏差,是指在一个取样长度 l_r 内,实际轮廓上各点至轮廓中线距离绝对值的算术平均值。Rz 为轮廓最大高度,是指在一个取样长度 l_r 内,轮廓上的最大轮廓峰高 Rp 与最大轮廓谷深 Rv 之和。Rsm 是轮廓单元的平均宽度,是指在一个取样长度 l_r 内,所有轮廓单元宽度 Xs_i 的平均值。

5.4　答:电动轮廓仪用于测量 Ra 参数;光切显微镜用于测量 Ra 和 Rz 参数;干涉显微镜用于测量 Rz 参数。

5.5　答:

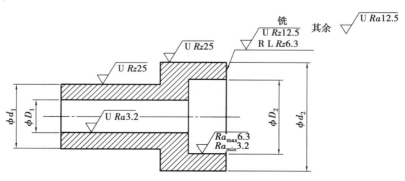

项目 6

6.1 答:d_2 是指螺纹牙型的沟槽与凸起宽度相等处所在的假想圆柱的直径;$d_{2单-}$ 是指螺纹牙槽宽度等于基本螺距 1/2 处所在的假想圆柱的直径;$d_{2作用}$ 是指在螺距累积误差和螺纹牙型半角的影响下,外螺纹旋合时实际起作用的中径。当螺距累积误差和螺纹牙型半角误差为零时,三者相等。

6.2 答:普通螺纹的互换性要求是指联接螺纹可旋入性和联接可靠性。为保证普通螺纹的互换性,螺纹的作用中径不允许超过螺纹中径的最大实体尺寸(最大实体牙型的中径),任何位置上的单一中径不允许超过螺纹中径的最小实体尺寸(最小实体牙型的中径)。

6.3 答:相同公差等级的螺纹随着旋合长度的增加,螺距累积误差逐渐增大,对配合性质产生影响。因此,要满足相同的配合性质,随着旋合长度的变化,公差等级也相应变化。

6.4 答:作用中径不合格,即存在中径误差、螺距误差和牙型半角误差,或者底径大于其最大极限尺寸。

6.5 答:三针法测量外螺纹单一中径时,需根据被测螺纹的螺距选择合适的量针直径,使量针与牙槽接触点的轴间距离正好在基本螺距 1/2 处。当螺纹存在牙型半角误差时,量针与牙槽接触位置的轴向距离将偏离 1/2 螺距处,造成测量误差。因此,为了减小牙型半角误差对测量结果的影响,需选取最佳量针直径。

参考文献

［1］邹吉权,阎红.公差配合与技术测量［M］.重庆:重庆大学出版社,2011.

［2］阎红.互换性与测量技术实训教程［M］.重庆:重庆大学出版社,2004.

［3］王贵成,范真.公差与检测技术［M］.北京:高等教育出版社,2011.

［4］卢志珍,何时剑.机械测量技术［M］.北京:机械工业出版社,2011.

［5］赵贤民.机械测量技术［M］.北京:机械工业出版社,2011.

［6］董燕.公差配合与测量技术［M］.2版.武汉:武汉理工大学出版社,2011.

［7］任晓莉,钟建华.公差配合与量测实训［M］.北京:北京理工大学出版社,2007.